商務
科普館

提供科學知識
照亮科學之路

劉廣定◎主編

益智化學

臺灣商務印書館

益智化學／劉廣定主編. --初版. --臺北市：臺
灣商務，　2012.03
　　　面 ；　公分. --（商務科普館）

　　ISBN 978-957-05-2683-7(平裝)

　　1. 化學　2. 文集

340.7　　　　　　　　　　　　　100027773

商務科普館

益智化學

作者◆劉廣定主編
發行人◆施嘉明
總編輯◆方鵬程
主編◆葉幗英
責任編輯◆徐平
美術設計◆吳郁婷

出版發行：臺灣商務印書館股份有限公司
10660 台北市大安區新生南路三段 19 巷 3 號
電話：(02)2368-3616　傳真：(02)2368-3626
讀者服務專線：0800056196
郵撥：0000165-1　E-mail：ecptw@cptw.com.tw
網路書店網址：www.cptw.com.tw
網路書店臉書：facebook.com.tw/ecptwdoing
臉書：facebook.com.tw/ecptw
部落格：blog.yam.com/ecptw
局版北市業字第 993 號
初版一刷：2012 年 3 月
初版二刷：2013 年 5 月
定價：新台幣 300 元

ISBN 978-957-05-2683-7

科學月刊叢書總序

◎—林基興

《科學月刊》社理事長

公益刊物《科學月刊》創辦於 1970 年 1 月，由海內外熱心促進我國科學發展的人士發起與支持，至今已經四十一年，總共即將出版五百期，總文章篇數則「不可勝數」；這些全是大家「智慧的結晶」。

《科學月刊》的讀者程度雖然設定在高一到大一，但大致上，愛好科技者均可從中領略不少知識；我們一直努力「白話說科學」，圖文並茂，希望達到普及科學的目標；相信讀者可從字裡行間領略到我們的努力。

早年，國內科技刊物稀少，《科學月刊》提供許多人「（科學）心靈的營養與慰藉」，鼓勵了不少人認識科學、以科學為志業。筆者這幾年邀稿時，三不五時遇到回音「我以前是貴刊讀者，受益良多，現在是我回饋的時候，當然樂意撰稿給貴刊」。唉呀，此際，筆者心中實在「暢快、叫好」！

《科學月刊》的文章通常經過細心審核與求證，圖表也力求搭配文章，另外又製作「小框框」解釋名詞。以前有雜誌標榜其文「歷久彌新」，我們不敢這麼說，但應該可說「提供正確科學知識、增進智性刺激思維」。其實，科學也只是人類文明之一，並非啥「特異功能」；科學求真、科學可否證（falsifiable）；科學家樂意認錯而努力改進——這是科學快速進步的主因。當然，科學要有自知之明，知所節制，畢竟科學不是萬能，而科學家不

可自以為高人一等，更不可誤用（abuse）知識。至於一些人將科學家描繪為「科學怪人」（Frankenstein）或將科學物品說成科學怪物，則顯示社會需要更多的知識溝通，不「醜化或美化」科學。科學是「中性」的知識，怎麼應用科學則足以導致善惡的結果。

科學是「垂直累積」的知識，亦即基礎很重要，一層一層地加增知識，逐漸地，很可能無法用「直覺、常識」理解。（二十世紀初，心理分析家弗洛伊德跟愛因斯坦抱怨，他的相對論在全世界只有十二人懂，但其心理分析則人人可插嘴。）因此，學習科學需要日積月累的功夫，例如，需要先懂普通化學，才能懂有機化學，接著才懂生物化學等；這可能是漫長而「如倒吃甘蔗」的歷程，大家願意耐心地踏上科學之旅？

科學知識可能不像「八卦」那樣引人注目，但讀者當可體驗到「知識就是力量」，基礎的科學知識讓人瞭解周遭環境運作的原因，接著是怎麼應用器物，甚至改善環境。知識可讓人脫貧、脫困。學得正確科學知識，可避免迷信之害，也可看穿江湖術士的花招，更可增進民生福祉。

這也是我們推出本叢書（「商務科普館」）的主因：許多科學家貢獻其智慧的結晶，寫成「白話」科學，方便大家理解與欣賞，編輯則盡力讓文章賞心悅目。因此，這麼好的知識若沒多推廣多可惜！感謝臺灣商務印書館跟我們合作，推出這套叢書，讓社會大眾品賞這些智慧的寶庫。

《科學月刊》有時被人批評缺乏彩色，不夠「吸睛」（可憐的家長，為了孩子，使盡各種招數引誘孩子「向學」）。彩色印刷除了美觀，確實在一些說明上方便與清楚多多。我們實在抱歉，因為財力不足，無法增加彩色；還好不少讀者體諒我們，「將就」些。我們已經努力做到「正確」與「易懂」，在成本與環保方面算是「已盡心力」，就當我們「樸素與踏實」吧。

從五百期中選出傑作，編輯成冊，我們的編輯委員們費了不少心力，包

括微調與更新內容。他們均為「義工」，多年來默默奉獻於出點子、寫文章、審文章；感謝他們的熱心！

　　每一期刊物出版時，感覺「無中生有」，就像「生小孩」。現在本叢書要出版了，回顧所來徑，歷經多方「陣痛」與「催生」，終於生了這個「智慧的結晶」。

「商務科普館」
刊印科學月刊精選集序

◎─方鵬程

臺灣商務印書館總編輯

「科學月刊」是臺灣歷史最悠久的科普雜誌，四十年來對海內外的青少年提供了許多科學新知，導引許多青少年走向科學之路，為社會造就了許多有用的人才。「科學月刊」的貢獻，值得鼓掌。

在「科學月刊」慶祝成立四十周年之際，我們重新閱讀四十年來，「科學月刊」所發表的許多文章，仍然是值得青少年繼續閱讀的科學知識。雖然說，科學的發展日新月異，如果沒有過去學者們累積下來的知識與經驗，科學的發展不會那麼快速。何況經過「科學月刊」的主編們重新檢驗與排序，「科學月刊」編出的各類科學精選集，正好提供讀者們一個完整的知識體系。

臺灣商務印書館是臺灣歷史最悠久的出版社，自一九四七年成立以來，已經一甲子，對知識文化的傳承與提倡，一向是我們不能忘記的責任。近年來雖然也出版有教育意義的小說等大眾讀物，但是我們也沒有忘記大眾傳播的社會責任。

因此，當「科學月刊」決定挑選適當的文章編印精選集時，臺灣商務決定合作發行，參與這項有意義的活動，讓讀者們可以有系統的看到各類科學

發展的軌跡與成就，讓青少年有興趣走上科學之路。這就是臺灣商務刊印
「商務科普館」的由來。

　　「商務科普館」代表臺灣商務印書館對校園讀者的重視，和對知識傳播
與文化傳承的承諾。期望這套由「科學月刊」編選的叢書，能夠帶給您一個
有意義的未來。

2011 年 7 月

主編序

◎—劉廣定

　　《益智化學》乃由近年來《科學月刊》所刊載與「化學」相關的文章中選一部分所編成。1970年元月《科學月刊》正式問世時，即設定讀者群為正在攻讀高中和大學一年級的學生，以及具有高中和大一程度之其他學生與社會人士。由於「化學」這門科學進展甚快，歷年來累積了許多介紹新知、闡明學理的文章。但也因其發展的既快且廣，甚至有些十多年前的尖端或有趣課題，現已不那樣重要了。然又有些一般高中和大一教科書以往迄今都忽視的課題，從科學教育的觀點卻仍為重要。故為配合本叢書篇幅，於2001～2010年間《科學月刊》中選文二十二篇以成此書。

　　這二十二篇文章分成三組。一為「基礎化學知識」，包括與生活相關的染燙髮劑、暖暖包冷敷包、三聚氰胺、三酸甘油酯，及補充教科書不足的稀有氣體化合物、活化能低限能、低熔點金屬、奈米新世界共八篇文章。二為「光電相關化學」，包括液晶、電池、發光二極體、光觸媒等十篇文章介紹與光、電等現代科技相關的化學原理與應用。三為「生質能源之化學」相關之文四篇，使讀者能從不同觀點來看問題。除「光電相關化學」中文章依屬性有所歸併外，其餘各文之順序乃按原在《科學月刊》刊出前後而定。部分文章篇名曾略為改變。

由於本書各篇是不同作者寫成，難免有少數重複之處，請讀者見諒。讀者若對選文的內容有意見，請與出版者或編者聯繫。

民國一百年國慶前八日
於臺灣大學化學系

CONTENTS
目錄

稀有氣體及氙化合物

◎─劉廣定

任教於臺灣大學化學系

化學元素週期表最右邊一行，共有六種元素：氦（He）、氖（Ne）、氬（Ar）、氪（Kr）、氙（Xe）與氡（Rn），都是氣體，因在空氣中含量很少，不到總體積的百分之一，因而稱為「稀有氣體」。

這族元素是在 1868 年秋天發現的，當時法國天文學家亞孫（Pierre-Jules-Cesar Janssen）與英國天文學家羅克業（Joseph Norman Lockyer）各自獨立發表了在非日食期觀測太陽紅燄（solar prominences）中光譜的結果，都發現其中有一種「黃線」（D_3），不屬於當時已知的任何元素。但到了 1871 年 4 月 3 日羅克業才認為這新的黃線乃源自一種新元素，他根據希臘文的「helios」（太陽）命其名為 Helium（氦，He）。但確定地球上有這族元素的存在，則是在十九世紀最後幾年，最早發現的是氬（argon）。

空氣中「氬」的發現

　　空氣中第一種為人所知的稀有氣體元素是「氬」，現在科學界公認「氬」是 1894 年發現的，然而這個發現也可追溯到更早的 1785 年。那年，英國科學家卡文狄許（Henry Cavendish，1731～1810）在研究空氣的組成時，將空氣和氧通過電弧，使所有的氮形成各種氧化氮（包括二氧化氮、三氧化二氮等）；然後用鹼液吸收所有的氧化氮，以及用硫化物溶液吸收所有的氧，結果發現還剩下一些氣體，這些氣體的體積還不到原來空氣體積的一百二十分之一，但比一般空氣中的二氧化碳與水氣的含量還要多；他也試著將此氣體和氧通過電弧，發現它並沒有變化。可惜當時他無法解釋這個現象，而以為是實驗上的誤差，未再深入追究。不過，此實驗的經過為 1849 年出版的《卡文狄許的一生》（*Life of Henry Cavendish*）一書所收載，傳諸後世。

　　1880～1887 年間，英國倫敦的大學學院（University College）教授阮姆賽（William Ramsay，1852～1916，1904 年諾貝爾化學獎得主）因讀了《卡文狄許的一生》曾嘗試重複上述的實驗，並發展出測量氣體密度的新方法。他也獲得與卡文狄許相同的結果，但未公開發表。另一方面，劍橋大學卡文狄許實驗室的芮雷爵士三世

（Lord Rayleigh，1842～1919，本名 Robert John Strutt，1904 年諾貝爾物理獎得主）從 1882 年也計畫為定氣體元素精確原子量而仔細測量其密度；在 1888 年已可達萬分之一準確度後，開始重測氧和氮的密度，他發現從氨（NH_3）與氧氣經氧化所得的氮，比空氣和紅熱的銅起作用所得的氮為輕——化學方法製得的氮比空氣裡的「氮」輕千分之一。芮雷因無合理解釋，故將此結果發表於 1892 年 9 月 29 日的《自然》（*Nature*）期刊，徵詢科學家們對這奇特現象的意見。一個月後，阮姆賽告訴芮雷他先前的發現，兩人因此有所討論。1893 年 4 月，阮姆賽設計了一組新的實驗裝置：將金屬鎂在空氣中受熱，使鎂與氮形成氮化鎂（Mg_3N_2），然後再除去氧、二氧化碳和水氣，而在 1894 年 8 月確知獲得另一種空氣的成分，原子量約為 40，密度 19.086g/100c.c.，比氮（12.506）大。起初，他以為那可能是氮的一種同素異性體 N_3，正如氧（O_2）和臭氧（O_3）一樣，但因它不能與其他元素化合，和氮不同，故知其乃一新的元素。阮姆賽稱之為 argon（氬，Ar），是從希臘文 argos（不活潑）而來。

由於氬的原子量約為 40，而無法被納入門得列夫（D. I. Mendeleev, 1834～1907）原有的週期表中，當時甚至不為門德列夫所信；再者，阮姆賽 1894 年所得到的「氬」並非純粹的元素，而是幾種稀有氣體的混合物。1898 年初，阮姆賽和他的助手卓佛思（M. W. Travers，1872～1961）利用英國漢普森（U. Hampson）與德國的林德（G. Linde）兩位工程師發明的液化空氣方法，才得到純的液態氬。此後，其他稀有氣體元素也陸續為人發現。

高不可攀卻仍有用

這六種氣體元素的共同特性是：反應性極差，且都以單一原子存在。故通常除了因含量稀少而稱之為「稀有氣體」（rare gases）外，也因似是高不可攀而稱為「高貴氣體」（noble gases），或因似是遲鈍懶惰而稱為「惰性氣體」（inert gases）。若據路易士（G. N. Lewis）的八隅體說法，氦原子最外層僅二電子，而其他五元素原子最外層均為八電子，恰可解釋其「惰性」。但是否果真如此呢？

到 1930 年代，稀有氣體元素的許多基本數據都已知道。現將與化學反應息息相關的離子化能（ionization energy）和混成軌域提升能（promotion energy）列於表一。

由於氙與氪的第一離子化能及軌域提升能都比較低，1933 年鮑林（Linus C. Pauling，1901～1994，1954 年諾貝爾化學獎與 1962 年諾貝爾和平獎得主）曾預測氟和氙或氪應能形成六氟化氙或六氟化氪。但當時雖有些化學家嘗試，卻未能成功。

氦等稀有氣體雖然「高貴」又具「惰性」，但是卻可應用此性

表一：稀有氣體元素的第一離子化能與提升能

元素	第一離子化能，kJ/mol	軌域提升能，〔ns²np⁶→ns²np⁵ (n+1) s〕kJ/mol
He（氦）	2372	
Ne（氖）	2080	1601
Ar（氬）	1520	1110
Kr（氪）	1351	955
Xe（氙）	1169	801

質而有不少用途。現舉一些例子，如：1914 年美國通用電器公司研究部的藍繆爾（Irving Langmuir，1881～1957，1932 年諾貝爾化學獎得主）發明以氬代替氮氣體充於電燈泡中，可增加亮度及鎢絲壽命；以氦代替輕氣球的氫，則可大增氣球的安全性。

　　稀有氣體元素也有一些可應用的物理性質，例如：1920 年代，科學家利用稀有氣體在不同高壓電下放電時會產生不同顏色，而用之於霓虹燈中，如：低壓放電時氦為黃色、氖為橘紅色、氬為淺紅色、氪為紫色、氙為藍綠色；較高壓放電時則氬為亮藍色、氙為日光色。美國的一些天然氣井裡含有相當多的氦，分離提純後可運至世界各處，因為液態氦（沸點 4.18 K）是低溫科學研究不可或缺的寶物，也是當前使用高磁場核磁共振儀時為維持低溫超導磁鐵的必備冷劑，許多化學分析儀器也都常需要用到氦氣。

1962 年之大突破

　　1961 年秋季，加拿大英屬哥倫比亞大學的年輕助理教授巴特勒（Neil Bartlett，1932～2008）由氧（O_2）與六氟化鉑（PtF_6）作用得一特殊的鹽，分子式為〔O_2^+〕〔PtF_6^-〕；他從大學教科書中發覺氧分子的第一離子化能（1163kJ/mol）與氙原子（1169kJ/mol）的相差無幾，因而嘗試使氙與六氟化鉑發生反應；1962 年 3 月 23 日終於製成了安定的紅色固體 Xe^+PtF6^-，[1]發表於 1962 年 6 月的《*Proceedings of the Chemical Society*》。

　　這是稀有氣體元素化學的一大突破，稀有氣體不再是「高不可攀」，亦非「遲鈍懶惰」。1962 年 8 月，四氟化氙（XeF_4）也在美國阿岡國家研究所製造成功。此後，負責任的教師要向學生「更正」以往的「錯誤」，而自 1963 年起，所有涉及稀有氣體元素和構成化學鍵的化學教科書皆需重寫。

　　1962 年 8 月起，多種氙和氪的安定化合物陸續在實驗室中被製出，有四種氧化態，其主要的化合物如：氧化態 II 的 XeF_2、XeF^+、

---

1. 承林英智教授見告：1973 年發現此反應在室溫先生成 $(XeF)^+ (PtF_6)^-$ 和(PtF_5)，60°C 時成為 $(XeF)^+ (Pt_2F_{11})^-$。

KrF_2、KrF^+；氧化態 IV 的 XeF_4、$Xe_2F_3^+$、$Kr_2F_3^+$、〔CF_3CNKrF〕$^+$；氧化態 VI 的 XeF_6、$CsXeF_7$、Cs_2XeF_8、$XeOF_4$、XeO_2F_2、XeO_3 以及氧化態 VIII 的 XeO_4、XeO_3F_2、XeO_6^{4-}、K_n^+〔XeO_3F^-〕$_n$等。

以氟化氙為例，二氟化氙（XeF_2）、四氟化氙（XeF_4）及六氟化氙（XeF_6）可由氟和氙在 250℃ 以上的高溫下製成。400℃ 時，8 大氣壓的氟與 1.7 大氣壓的氙作用的生成物中，極大部分為四氟化氙。增加氟的壓力，二氟化氙的量則可降至極小。室溫時，四氟化氙的蒸氣壓為 3mmHg，而六氟化氙比它約大十倍，故可將兩者分開，得到純的 XeF_4。六氟化氙可從四氟化氙與氟在一特製的熱絲（hot wire）反應器裡製取；二氟化氙則可利用氙在含有三氟化硼的深藍色氟化銀的氟化氫溶液中氧化而成，其化學反應式如下：

$$2AgF_2 + 2BF_3 + Xe \longrightarrow XeF_2 + 2AgBF_4$$

四氟化氙及六氟化氙極易水解、生成具強爆炸性的三氧化氙（XeO_3），二氟化氙則相當安定。六氟化氙甚至能和石英（quartz, SiO_2）作用、產生 $XeOF_4$ 與 SiF_4。

氟化氙及氧化氙可用來製造其他含氙的化合物。在有機合成化學上，二氟化氙為一很有用的「氟化劑」，一般甚難控制的「氟取代」及「氟加成」反應，若用二氟化氙則頗易達成，例如：

$$XeF_2 + C_6H_6（苯）\longrightarrow C_6H_5F + Xe + HF$$

$$XeF_2 + \; >C=C<（烯類）\longrightarrow \; >CF-FC< + Xe$$

另外也有許多特殊的有機反應，只有藉助二氟化氙才會進行。例如：1993 年有人報告，二氟化氙可將苯甲醇變成氟甲基苯基醚。

$$XeF_2 + C_6H_5CH_2OH \longrightarrow C_6H_5OCH_2F + Xe + HF$$

2000 年的另一突破

在 2000 年 8 月以前，氬原子是公認「不會形成安定化合物」的。自 1962 年稀有氣體化合物問世三十八年來，嘗試製造安定氬化合物者均未成功。但二十世紀之末，芬蘭赫爾辛基大學化學系的 Markku Rasanen 和他的三位同僚，首度製成了在 27 K 以下能安定存在的 HArF，論文發表於 2000 年 8 月 24 日出版的《自然》期刊上，轟動了科學界。無數有關的教科書及參考書，從 2001 年起都必須就此加以修訂。類似 1963 年的往事再度發生。

這四位化學家將氣態氬在室溫下通過聚合態的吡啶（pyridine）——氟化氫（HF）加成物，並將此混合物冷凝於 7.5K 的碘化銫（CsI）上。此時，紅外線光譜可以證明氟化氫乃散布於「隔離介

質」（matrix）氬之中。然後再以波長 127～160 nm 的紫外線照射，同時將溫度升高至 10K，則氟化氫先發生「光分解」，再和氬化合成 HArF。他們分別用氬同位素：氬-40 及氬-36，氫和含氫同位素的氟化氫（HF）、氟化氘（DF 或 2HF），製成了 ^{1}H-^{40}Ar-F、^{1}H-^{36}Ar-F 與 ^{2}H-^{40}Ar-F 三種 HArF。其結構的證明是由紅外線光譜中表現 H-Ar 及 Ar-F 兩種化學鍵應有的伸縮振動（n）和曲折振動（d）特性吸收，且其數值與理論計算的結果相當接近。

$$Ar + H\text{-}F \longrightarrow H\text{-}Ar\text{-}F$$

當前許多化學家都致力於合成結構複雜的新分子，試圖發現新奇的現象，並希望倡導新觀念或建立新理論。然而，仍有一些「簡單」但重要的分子尚未製成，也有不少已知的現象尚無合理的解釋。三原子分子 HArF 由不算繁複的方法製造成功，顯示科學的挑戰原有多種，即使不追隨時髦，也一樣能贏得掌聲。

（2001 年 10 月號）

奈米尺度的美麗新世界

◎——王文竹

任教淡江大學化學系

1959 年，諾貝爾獎得主理查‧費曼（Richard P. Feynman）在美國物理學會的年會上，以「往下還大有可為」（There is plenty room at the bottom）為題的演講中，提出了操作控制極小物質的概念。他說：「何不把二十四卷的大英百科全書寫在一個針尖上呢？」經過計算，這是可行的，只要縮小二萬五千倍就可以了。這麼小的物質大約就是一些原子團簇或分子了，這就是奈米科學的濫觴。

1981 年，還是麻省理工學院研究生的艾立克‧德萊斯勒（Eric Drexler）提出了分子機械的觀念。他設計了一系列以分子自我組裝的各式零件及機械，甚至於構思了工作母機的觀念，以此小機器自動製造出另一批機器。

1970 年代，化學家發現了有機物的「金屬」，也就是由有機材料製備成的導體、半導體及超導體。這個領域的發展非常快速，2000 年的諾貝爾獎就是頒給發現導電高分子的白川英樹、希格及麥

克戴密三人。西北大學的瑞特納
（Mark A. Ratner）於 1970 年代即
提出可以用有機分子製造整流器
的觀念，這是分子電子學的肇
始，Moletronics 就是由 Molecular
Electronics 合併而成的新字，但
是直到 1990 年代，有了原子力顯
微鏡的發明，這方面的研究才蓬
勃發展開來。1997 年南卡羅萊納
大學的突爾（James Tour）教授，
真正量測到夾於兩個金電極間的
分子，才有了單分子的電子學性
質探討。

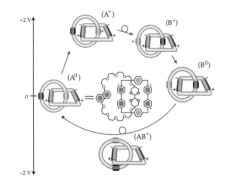

圖一：分子電子學裡的分子開關示意圖。中間
的套環分子左右有不同的官能基，可以控制
其於方框分子中的狀態，達到開關的功能。
（葉敏華繪製）

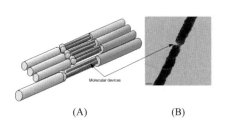

(A)　　　　　　　(B)

圖二：（A）分子電子元件中的分子接線示意
圖；（B）電子顯微鏡下的分子接線。（作者
提供）

　　傳統上的材料，是以塊材
（Bulk Material）為主，隨著科技
的進步，當材料個體逐漸縮小，或者組成材料的成分顆粒逐漸縮
小，進入介尺度（Mesoscale，即介於原子分子尺度與塊材的巨觀尺
度間）後，其物理及化學性質就產生了革命性的改變，原有材料進
入介觀尺度後就等同於全新的材料，這個令人驚奇的美麗新世界，

就是奈米科學與技術。

奈米是什麼？

一位新時代的農民，衝入糧食種子行急切的問：「老闆，有沒有最新品種的奈米？好像很熱門喔！」。雖是笑話，其實絕大多數人都不清楚奈米是什麼！奈米就是 10^{-9} 米，是一公尺的十億分之一，它是一個長度單位，由英文 Nanometer 譯來的。人的身高約為一米多，其千分之一即為毫米，其百萬分之一即為微米。原子的大小約為 0.2 奈米，例如矽、鋁、鈣的原子半徑分別為 0.117、0.143、0.197 奈米。分子由原子組成，所以其大小約為奈米尺度，例如 DNA 分子的雙螺旋結構直徑約為 2.5 奈米，菸草病毒約為 18 奈米直徑。奈米科學與技術就是研究介於 1～100 奈米物質的性質及操控其排列組裝的學問。為什麼近二十年來，這個領域有突出的發展呢？我們大約可以從下列數個方向，探討其長足進步的驅動力。

（一）研究工具的進步

近年來，各種可以達到原子尺度解析力的儀器發展甚快，高解析度掃描穿隧顯微鏡（STM）、原子力顯微鏡（AFM）、掃描探針顯微鏡（SPM）等，使我們可以直接觀察原子分子，並且操控其排

列。電腦模擬的硬體及軟體進步，亦使得性質研究大幅增快。

（二）合成技術的進步

化學家的合成能力，在二十世紀有驚人的進步，從早期亂槍打鳥般合成一些分子，到今天根據設計，取得特定結構與性質的分子，已近於指定合成之境，像維他命 B_{12} 的合成、超分子的合成、孔洞材料的合成，真是不勝枚舉。

（三）介觀物理化學的了解

近年來，發現一些介於分子與塊材物質的特異物理化學性質，並進行了一些基礎性的探討，不論是光學、電學、磁學、熱學、化學、生物學、機械性質等都大不相同，激發了更大的構想與企圖。

奈米材料的分類

奈米材料是指尺度介於 1～100 奈米（nm）的材料，廣義的說，奈米材料是指材料的三維空間中，至少有一維是處於奈米尺度範圍，或者由它們作為成分的基本單元，由其所構成的材料。較嚴格的定義是除了材料尺度進入奈米量級外，同時還展現出許多特異性質，有表面效應、量子尺寸效應、量子穿隧效應等，才稱為奈米材料。

按奈米材料三維空間的尺度分類，可以區分為零維、一維及二維奈米材料。

（一）零維奈米材料

　　指一個材料，其三維尺度均在奈米量級，如奈米微粒、量子點、原子簇等。原子簇是指數個至數百個原子的聚集體，它可以是一元的，如鐵簇、鉑等；可以是二元的，如硫化銅、硫化銀、磷化銦等；也可以是三元的，如鋇鐵氧化物、鈦酸鍶等。如果上述原子簇再與其他分子以配位化學鍵結合，可以形成化合物原子簇。這些原子簇中以碳原子簇（Carbon Cluster）最為大家所熟知，也就是富勒烯（Fullerene），化學命名為芙，它是由一群碳原子組成的，C_{60}、C_{70}、C_{84}、C_{92}、C_{120}……等。看起來你好像不認識它，其實在你寫毛筆字用的墨中，就含有芙。

　　奈米微粒是比原子簇大的材料，它是介於原子和固態塊材之間的原子集合體。日本名古屋大學上田良二教授所給的定義是：用電子顯微鏡（TEM）能看到的微粒。早在 1861 年建立膠體化學時就開始了這方面的研究，但真正有效對個別的奈米微粒進行深入研究，則是近三十年的事。

　　人造原子有時稱為量子點，這是約十年前所提出來的一個新觀

念。人造原子和真正原子有很多相似的地方，例如：人造原子的能階是不連續的，電荷也是不連續的，電子也存在於不同軌域中，可以用薛丁格方程式處理，並遵循罕德（Hund）法則及庖立（Pauli）原理。

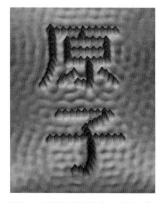

圖三：以原子排列的奈米字「原子」，及所繪的人小形。（IBM 提供）

但人造原子仍有很多與真正原子不同的性質，例如：人造原子是由一定數量的原子組成的，它具有多種形狀和多樣的對稱性，而真正原子通常用球形來描述。人造原子的電子間的交互作用強而且複雜，隨著原子數目的增加，其電子軌域的能階差變小，使電子處於拋物線形狀的位能阱中，當加入一個電子或取出一個電子時，很容易引起人造原子的電荷漲落，這個現象是設計單原子電晶體的物理基礎。

零維奈米材料具有很高的比表面積，使它具有極高的化學活性及催化性質。其電子波函數的相干長度和人造原子的尺度相近，使電子的傳導亦表現出波動的特性，而具有電導漲落起伏及非定域電

導等性質，電子傳導產生量子化台階現象之巨觀量子效應。相對的，不論光、電、熱、磁、聲等方面，均表現截然不同的性質。

（二）一維奈米材料

　　一維奈米材料是指一個材料，其三維尺度中，有二維均在奈米量級，依其結構及形狀，可以分別稱為奈米棒、奈米棍、奈米絲、奈米線、奈米管及奈米軸纜等。長度與直徑的比率小的叫做奈米棒，其比率大的叫做奈米絲，其界限並沒有統一的標準，大約是以其長度亦在奈米尺寸者稱為棒。如果是由半導體或金屬所構成者的奈米線，通常亦稱其為量子線。一維奈米材料的某些性質與其長度／直徑的比率有強烈的相關性，所以控制此一比率是合成上的一大挑戰。

　　在一維奈米材料中，研究最多，也是最有潛力可以上市應用的，就是奈米碳管了，請參考黃國柱教授的精采文章（《科學月刊》2002 年 10 月號）。除了奈米碳管外，還有大量的其他一維奈米材料備合成出來，例如各種碳化物（TiC、SiC、NbC、Fe_3C、BCx等）的奈米線，各種氮化物（GaN、Si_3N_4、Si_2N_2O、Si_2N_4等）奈米絲，其他如 MgO、InAs、GaAs 奈米絲，ZnO 奈米帶等。如果將上述之奈米絲再做處理，使其表面被覆一層或多層的異質奈米殼層，就

成了奈米同軸纜線，例如以碳化矽奈米絲經過氧化高溫處理後，就形成了二氧化矽包覆著碳化矽的同軸纜線了。相反的，亦可以於已製備完成的奈米管中，填充另一異質材料，亦可形成奈米同軸纜線，例如碳奈米管中可以填充鉛、銅等金屬，又如先製備如多孔的氧化鋁模板，再將其他材料反應填入孔洞中，亦可製備得奈米同軸纜線。

（三）二維奈米材料

二維奈米材料是指只有一個維度的尺寸在奈米尺度範圍內，當然這就是薄膜了。這方面的科學與技術算是較成熟的，例如鏡片上鍍的反射薄膜、二極體雷射材料的多層膜均是。但是在可操控條件下，形成預設的分子排列模式，卻仍然是一個尚待解決的問題。因為它是要分子排列，或站立、或斜倚、或躺下，就非得靠分子自身的力量不行了。自組單分子膜（Self-Assembly Monolayer，簡稱SAM）或自組分子多層膜（Self-Assembly Multilayer）就成為現今熱門且極重要的題目了。請參考陶雨台教授精闢的專文（《科學月刊》2002 年 10 月號），有深入淺出的介紹。當然，奈米材料可以由另一個角度去做分類，那麼奈米材料可以包括：奈米物理學、奈米化學、奈米生物學、奈米材料學、奈米電子學、奈米機械學、奈米

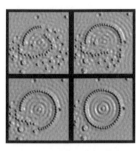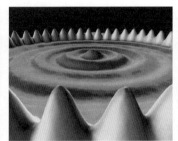

圖四：以鐵原子排列出圖形（1～4）。側視放大後可清楚看見電子在其圖內形成穩定的駐波。（IBM提供）

加工學等範圍。

奈米材料的特異本質

　　這些新穎的奈米材料，擁有特異的光、電、熱、磁、聲、化學、生物學等性質，但為什麼奈米材料有這麼神奇的表現？我們可以從其基本的物理效應做個初步了解。當材料進入了 1～100nm 的奈米量級後，其尺寸變小，因而引致了一些基本物理效應大大的表現出來，造成巨觀物理、化學性質的革命性變化。奈米材料具有的表面效應、小尺寸效應、量子尺寸效應及巨觀量子穿隧效應，可說是其犖犖大者。

（一）小尺寸效應

　　物質內或物質間存在著各種作用力，作用力大小均與其距離相關，例如萬有引力與電磁力都和距離平方成反比。另一方面，長度亦是基本的物理量，例如電磁波的波長、物質波（或德布羅意波）的波長、超導體的庫柏電子對的相干長度等。我們取一塊材料來，從中間的一個原子出發，越過一個又一個原子，就算走過一百萬個原子，也還不超過一毫米，還是遠小於一個塊材，所以我們可以把一個原子或分子當成一個單元，有其位能阱，再以週期性位能阱的方式處理，其性質就可以表現出來了。此時，上述的物理作用距離與塊材長度相比就毫不影響了。但在奈米材料時，其顆粒極小極小，和物理作用力的相干長度甚為接近，則週期性的邊界條件將被破壞，電子的行為當然迴異於塊材了。這就像是我們站在地球上，並不覺得地球是圓的，因為人比起地球是太小了，但若一個人站在一個大龍球上，其交互作用就不同了，只有馬戲團或雜耍特技人士才可以站在上面，人一走動，球就跟著滾動。

（二）表面效應

　　取個金塊來看，絕對多數的金原子是包在裡面的，位於表面的

金原子是微乎其微的。但若把這塊金子切細成奈米顆粒，表面上的原子和包覆於內部的金原子的比例，就明顯的增加了。以銅為例來說，1 奈米的銅微粒，大約有 99%的原子是位於表面的，其比表面積約為 660m^2/g，如果是 10 奈米的銅粒，約有三萬個原子，其表面原子占有 20%，比表面積為 66m^2/g，若為 100 奈米的銅粒，則其比表面積縮減至 6.6m^2/g，表面原子的比例就已經很小很小了。包覆於內部的原子，其上下左右前後都有其他原子緊鄰，就比較穩定，但在表面的原子，可能站在面上、稜上或者角上，前不著村後不著店的懸著，當然就極不穩定，會有很高的活性，很容易和其他的原子分子結合，此種趨勢可以用比表面積能來表示，銅微粒的尺寸為 1 奈米、10 奈米及 100 奈米，其比表面積能分別為 5.9×10^4、5.9×10^3、5.9×10^2 J/mol。表面原子數目大量增加，並占有優勢的比例，則其高活性就主宰著這個材料的物理化學性質。

（三）量子尺寸效應

　　原子分子的世界當然受量子力學的規範，塊材內的電子行為亦由其制約。例如金屬費米能階附近的電子能量是連續的。當粒子尺寸下降到某一數值時，費米能階附近的電子能量由准連續狀態變為離散的不連續能階。另外，在半導體的奈米顆粒時，它的填滿電子

之最高被占據分子軌域（Highest Occupied Molecular Orbital，簡稱 HOMO）和沒有電子的最低未占據分子軌域（Lowest Unoccupied Molecular Orbital，簡稱 LUMO）是不連續的，此種能階變寬，變成不連續的現象，均稱為量子尺寸效應。對塊材物體而言，它有無限個原子，導電的電子數 N 亦可視為無限大，則其能階間距 δE 趨近於零。對奈米微粒言，其原子數有限，導電的電子數 N 值亦很小，它就導致δE 值不為零而有一定的值，即能階間距發生分裂。當此一能階間距δE 大於諸如熱能、磁能、電能、光能、或如超導態的凝聚能時，引起物理化學性質的劇變，就必須考慮其量子尺寸效應了。

（四）巨觀量子穿隧效應

量子力學以機率處理具有波粒二相性的物質，在微觀上，此種粒子有貫穿能障的能力，而出現於能障之外，就像是隔山打牛般，稱為穿隧效應。近年來，發現了許多巨觀的物理量，如顆粒的磁化強度、量子干涉器中的磁通量等，亦具有穿隧效應，稱為宏觀量子穿隧效應。近年已有多次的諾貝爾物理獎頒給這個領域的學者。在奈米材料中，因為具有極小尺寸，所以普遍存在這些現象，巨觀量子穿隧效應成為奈米材料中重要的基本物理效應。

奈米材料的特異性質

　　奈米材料具有上述的一些物理效應，使其光、電、磁、熱、聲、力及化學等性質，有全然不同於塊材的表現，這些特異性質遍布於各個領域，幾乎是一種革命性的變化，到處令人驚異。

　　奈米微粒的顆粒小、表面原子多、表面能高、表面原子配位不全、活性增大，使得它的熔點、燒結溫度、結晶化溫度均比一般粉體低得很多。例如金的熔點為 1064℃，但 2 奈米的金顆粒熔點為 327℃；銀的熔點為 900℃，但奈米銀粒在 100℃ 就熔化了；鉛的熔點為 327℃，但 20 奈米的鉛粉，其熔點為 15℃。以電子顯微鏡觀察 2 奈米的金粒，其晶形不斷的變化，從單晶到複晶，孿晶之間連續的轉變，這像熔化又不是熔化的相變，有人便提出準熔化相之觀念。

　　奈米顆粒的尺寸與物理相關的特徵量相近時，其交互作用的奈米特性就強烈地表現出來。以電磁波的反射為例，金屬具有導電的自由移動電子，亦具寬頻帶的強吸收，所以具有金屬光澤，表示出其對可見光範圍的波長有不同的吸收和反射能力；當尺寸縮小到奈米量級時，其反射率卻大為降低，像鉑奈米粒子及金奈米粒子的反射率分別只有 1% 及 10%，所以都變成黑色的了。

　　奈米顆粒具有量子尺寸效應，其費米能階附近的能量成不連續

狀態，其能距和奈米粒子的大小是相關的，所以其吸收電磁波的頻率亦隨之改變，控制顆粒尺寸就控制了它的吸收帶位移，因此，可用以製備一定頻寬的電磁波吸收材料，是特佳的電磁波屏蔽材料，隱形飛機即其應用之一。基本上，奈米微粒與塊材相比，具有吸收頻帶寬化和強化，以及吸收頻率增高的藍位移現象。奈米金粒就不是金黃色而是紅色的，而且可以隨大小變色就是一例。

除了吸光及反射的變化之外，材料的發光性質更全然改變了，一般塊材是不發光的材料，製成奈米微粒後成為發光材料，矽就是最好的例子。矽是光導體材料的國主，雄霸天下。但遇到要發光時，就只好退避三舍，拱手讓給其他原子了，像發光二極體、半導體雷射都是III～V族的天下。灰頭土臉（它是灰色的）的矽，在進入奈米世界後，從暗淡無光，重新取得發光權，增加了它的光彩，6奈米大小的矽在室溫下可以觀察到800奈米的淡淡的紅光，勉強延伸到可見光的邊緣。在多孔性的矽材料上，就確實看到紅色的發光，雖然其機理仍未明確，但可能是孔洞在2奈米左右所表現之結果，矽總算是發光成功了！當然，要大放光彩是仍需努力的事。

（2002 年 10 月號）

染燙髮的化學

◎─官常慶

任教靜宜大學應用化學系及東海大學化學系

　　二十年前，當你在路上看到一個紅色或金色頭髮的人，幾乎就可確定他是來自歐美地區的「阿斗仔」；但是現在就不是這樣，不論在街上、在辦公室，甚至在校園內，到處可見到頂著一頭又酷又炫的彩色頭髮的人，再看其臉孔、鼻子也都很東方，當然沒有人會以為是頭髮的基因改變，最直接的感覺就是化妝品科技進步了。

廣義的化妝品

　　化妝品的定義就說明了其功用──化妝品是使用在人體外表，能達到清潔、美化、改善皮膚等目的的產品；因此由狹義的化妝品如：面霜、乳液、化妝水、香水，到廣義的化妝品包括染髮液、燙髮液、指甲油、制臭止汗劑、牙膏、漱口水等，這些化妝品使用上，幾乎只有改善毛髮或皮膚的物理性質，例如使皮膚角質柔軟含水量增加、頭髮柔軟或定型；但是有些化妝品在使用時，卻有些特

別的作用，如染髮液、燙髮液在使用過程中，就會發生一些化學反應，所以我國「化妝品管理條例」就把這一類產品列為含有毒劇藥品之化妝品，「毒劇」兩字用的似乎太嚴重了，因為化妝品管理條例中把化妝品分成兩大類，一類為一般化妝品，另一類為含藥化妝品（含有毒劇藥品之產品），染髮液和燙髮液含有對苯二胺和硫代甘醇酸鹽，所以就歸到毒劇類了，不能食用，即使是使用於人體，使用前也需先做過敏測試，在美國國內販售的染髮液、燙髮液，其使用說明書上都標示著：使用之前半小時，先在手臂內側或耳後的皮膚塗上一點點，然後觀察是否有紅腫或過敏的反應，若無不良反應才可以使用，這種很完善的商品標示法，值得我們的消費者保護法學習。

頭髮的結構

　　染髮液、燙髮液與一般化妝品的最大差異，就是會產生化學反應，並且影響頭髮的生理結構，所以，首先要先了解頭髮的結構和生理。我們一般所看到的頭髮，都只是看到頭髮的髮幹部分，屬於頭髮的生長期；其實，人體上的毛髮生長分為三期——成長期、退化期、休止期。成長期都在頭皮下毛囊的毛母組織進行，一般而言，這樣一個週期約有二至六年，平均每天有五十～一百根毛髮掉

落，沒掉的毛髮每天增長約 0.3～0.5 毫米；然而，有人長髮披肩髮質就已變差，有人卻能長髮拖地，如果按照一般頭髮的生命，長髮拖地是特殊的例子，就像現今人的壽命平均七、八十年，也有人瑞是長命百歲以上。

另外，人種的不同，頭髮的顏色也有所差異，東方人是棕黑色，非洲人有著深黑色的毛髮，歐洲人有咖啡色、淺棕色、紅色、金色等等不同顏色的頭髮，這些毛髮顏色上的差異，與頭髮的結構無關，而是與頭髮的色素有關，這些色素的主要來源即是黑色素，而黑色素可分為兩種：真黑色素（eumelanin）、嗜鉻黑色素（pheomelanin），當這兩種色素的比例不同時，就會呈現不一樣的顏色，但比例與遺傳有著密切的關係，這是人們無法選擇的。愛美是人的天性，現代人為了追求美觀和多變，希望能夠任意改變頭髮的顏色（圖一）；其實，早期的埃及人和中國人就已經懂得從天然植物中，萃取出天然的色素（如指甲花、胭脂花等）染

圖一：現代人為了追求美觀和多變，常常改變頭髮的顏色與造型。

在頭髮上，如此就能暫時的改變頭髮顏色，可是，洗過幾次頭髮後，染上的顏色就會被沖洗掉，而恢復頭髮原來的顏色，像這樣就稱為暫時性染髮劑。因為染料分子太大，無法和頭髮結構融合在一起，染料只能覆蓋在頭髮表面，所以洗幾次之後就會失掉顏色。至於長久性的染髮劑，其原理較為複雜，就必需要先了解頭髮的結構。

頭髮的結構和頭髮的外觀形狀有關，有的人是直髮，有些人是波浪型的卷髮，還有一些非洲民族就有一頭很卷曲的頭髮；如果把頭髮橫切開來就會看到三個層次，一根頭髮的最外層稱為毛表皮，中間層為毛皮質，內層為毛髓質。毛表皮是扁平的鱗狀結構，像屋瓦一樣一片一片地重疊上去，所以梳頭髮時要順著頭皮往外梳，才不會傷到頭髮；毛髓質是一些黏稠的液體和氣泡，可輸送水分和養分，使頭髮能保持固定的含水量而不會太乾燥，另外頭皮上的皮脂腺，也會分泌油脂覆蓋在頭髮表面，使其外觀光亮秀麗，同時也有保持住水分的功用，才不至於成為枯草般的頭髮。頭髮也是表皮細胞的一種，其皮質細胞呈纖維狀，長約 100 微米，由多數巨大纖維體組成，如果細看毛皮質，其內部就像一條大繩子，由很多小細繩編織成，這些小細繩再由很多小纖維編織成，小纖維就是蛋白質的多胜肽鏈，纖維細胞內有細胞膜複合體和細胞間質像膠水似的把纖維

結合在一起。頭髮的主要成分大部分為蛋白質，分別由十八種胺基酸組成，其中又以胱胺酸為主，若以化學的觀點來看毛髮，這些胺基酸以多胜肽鍵沿著毛髮長軸形成主鏈，而主鏈與主鏈之間又有側鏈的結合，側鏈是以二硫鍵、胜肽鍵，氫鍵和離子鍵為主，其中以二硫鍵（胱氨酸鍵結）、胜肽鍵較強，而離子鍵　M　氫鍵則容易受酸鹼度和溫度的影響。

染髮的科學

　　長久型染髮液為了使染料不被沖洗掉，就必須使染料和頭髮結合在一起，但是頭髮的角蛋白很安定，對一般的酸鹼性物質耐受度很強，不容易和染料產生化學鍵結，所以改用物理性的結合，也就是把染料分子和頭髮的纖維編織在一起（圖二），但是分子量太小的染料容易被清洗掉，分子量較大的分子又無法插入纖維之中，為了使大分子的染料和頭髮結合，就在頭頂的毛髮上成立染料工廠生產染料，讓染料的前驅物質（對苯二胺）先滲透到頭髮纖維中，然後起氧化反應，聚合成較大

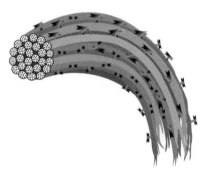

圖二：染料分子和頭髮的蛋白質纖維編結在一起，達成染髮目的。（陳思穎 繪製）

分子的染料（式一），這樣就能夠把染料分子與蛋白質纖維編織結合在一起。染髮液的染料是一種氧化染料，例如黑色的染料主要成分為對苯二胺，如果加入不同的酚類、胺基酚、萘酚等發色劑，聚合的染料就可呈現各種不同的顏色。

式一：對苯二胺加上過氧化氫後，引發一連串的聚合作用以增大分子量，進而牢固地插在頭髮纖維中。

而引起氧化反應的氧化劑，最常使用的則為過氧化氫的水溶液，即是雙氧水。為了使偶合反應在使用時才發生，平常市面上賣的染髮劑就分成兩瓶，一瓶裝對苯二胺為主的藥劑，另一瓶則裝過氧化氫為主的藥劑，染髮時將二瓶等量混合均勻，在變黑之前快速塗抹於頭髮上（盡量避免與皮膚接觸），於室溫下停留約三十分鐘，使對苯二胺滲透入頭髮然後在頭髮上聚合成所要的顏色，然後用洗髮精把多餘的藥劑清洗掉，如此就完成染髮了。

燙髮的科學

　　燙髮液也是在頭髮上進行化學反應，因為人類原本的髮型與基因有關，當蛋白質的多胜肽鏈間的一些化學鍵，生成的位置相對應時就會形成直髮（圖三），而如果對應的位置有距離差則為卷髮，介於中間即成波浪型髮。因此若要改變髮型就需把多胜鏈間的化學鍵重新整合，使其在適當的位置生成新的化學鍵，頭髮就可以依自己喜歡的形態定型。

　　頭髮內多胜肽鏈間主要的四種作用力為氫鍵、離子鍵、胜肽鍵、胱胺酸鍵，其中氫鍵容易受溫度和鹽類的影響而破壞，離子鍵則易受溫度和鹽類的影響而破壞，而胜肽鍵和胱胺酸鍵的鍵結較強，必需用強酸、強鹼或還原劑（硫代甘醇酸）來行斷鍵的反應。改變髮型需打開多胜肽鏈間的作用力，定型後再把作用力還原過來，可用弱

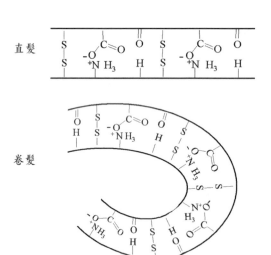

圖三：直髮與卷髮的內部化學鍵結差異。

酸性緩衝溶液和氧化劑（溴酸鈉）來恢復作用力。這樣斷鍵再生成新鍵是兩個步驟，因此燙髮液需分為甲、乙兩劑藥水分別進行，這一點有別於染髮液是將甲、乙兩劑藥水混合後使用。

　　燙髮液的第一劑既然能打斷多胜肽鏈間的化學鍵，當然也會打斷多胜肽鏈的鍵結，當毛髮的多胜肽蛋白質鍵被打斷，毛髮本身也會斷落，因此硫代甘醇酸和鹼也是除毛劑的主要成分。

　　綜合前面的觀點看來，染髮液和燙髮液兩者都會影響到頭髮的基礎構造，當然也會損壞到頭髮的健康，所以人們在染髮或燙髮之前，一定要慎選染髮液和燙髮液；染燙髮之後，對頭髮的保養和照顧就很重要，對於洗髮精、潤絲精和護髮霜的選用更需特別注重。

（2003 年 10 月號）

暖暖包與冷敷包的化學原理

◎—施建輝

任教新竹科學園區實驗高中化學科

寒流來臨，各種禦寒用品紛紛派上用場，賣場最熱銷的是各種電暖器，它能使屋內溫暖如春，但是對於手腳特別易於冰冷的人，暖暖包可是最佳的選擇。運動時若不慎拉傷或扭傷，專家常提醒絕對不可搓揉，而是應該在二十四小時內進行冰敷，使傷害不至擴大。簡單的冰敷是使用毛巾包著冰塊，另一個選擇則是使用冷敷包。暖暖包與冷敷包都是化學反應伴隨的熱效應的應用。在人們需要時，暖暖包藉著化學反應伴隨著釋出熱能，提供人們溫暖；冷敷包則是藉著化學反應吸收熱量，達到降溫的功效。本文將為各位讀者介紹常見的暖暖包、冷敷包及其化學反應。

顧名思義，暖暖包必是放熱反應，市面上常見到的暖暖包有兩種，其一是不可逆的，用完即丟，另一種是可逆的，可以重複使用。大家都知道燃燒會發光發熱，其實燃燒是一種激烈的氧化反應；鐵生鏽也是一種氧化反應，只是因為速率太慢，我們無法感受

其放出的熱量。化學課本告訴我們，增加接觸面積是增快反應速率的方法之一，因此在暖暖包內裝入鐵粉以加速反應，再加入少量水與鹽分促使反應的進行。這種暖暖包只要用手搓揉，使水及鹽分與鐵粉混合即可生熱。這種暖暖包使用後因為鐵粉已經氧化，無法輕易回復原樣，因此僅能使用一次，屬於不可逆。

　　另一種暖暖包（即熱敷袋）則是利用過飽和溶液析出過量的溶質時放熱的特性而製成。溶質在溶劑中溶解形成溶液，一般溶質在溶劑中溶解會有最大限度，如此形成的溶液稱為飽和溶液。在溶液達到飽和狀態後，無法再溶解更多的溶質，但某些溶質可加熱使之溶解，而且當降溫時，並未有任何溶質析出，此時溶液即是過飽和狀態。在過飽和溶液中加入晶種，即可令其析出過多的溶質並且釋放熱量（圖一）。

　　最常被用來製備過飽和溶液的是醋酸鈉（CH_3COONa），目前市面上販售的熱敷袋就是醋酸鈉的過飽和溶液。當裡面

圖一：醋酸鈉的過飽和溶液，加入晶種後析出溶質。

的鐵片折彎時，即是扮演晶種的角色，使溶解過量的醋酸鈉析出並且放熱。這種暖暖包使用後放入熱水中加熱，又可回復到過飽和狀態重複使用，所以是可逆的裝置。

冷敷包當然是吸熱反應的應用，先來看一個神奇的吸熱反應。在燒杯中加入氫氧化鋇（$Ba(OH)_2 \cdot 8H_2O$）與氯化銨（NH_4Cl），直接以玻璃棒攪拌，溫度可降低至-15℃！氫氧化鋇與氯化銨的反應式如下：

$$Ba(OH)_2 \cdot 8H_2O + 2NH_4Cl + 熱 \longrightarrow BaCl_2 + 2NH_3 + 10H_2O$$

利用這個吸熱反應的效果，進行一項「化學大力士」的趣味化學實驗：給定量的氫氧化鋇與氯化銨，各組利用吸熱的效應，設法將燒杯與木片黏成一體，將燒杯舉起，木片並不掉下視為成功（圖二）。成功的組別在木片上放置砝碼，比賽哪一組能承載力最強。為何燒杯與木片能夠黏成一體？技巧是加水，而且是加在燒杯外而不是燒杯內。在燒杯與木片的接觸處滴加少量水，利用燒杯內進行的

圖二：利用氫氧化鋇與氯化銨的吸熱反應，可輕易的舉起燒杯與木片，甚至木片還可承載砝碼而不掉落。

吸熱反應，使得這些水結冰而將燒杯與木片黏成一體，筆者在學校進行的比賽中，就曾見過一組在木片上放了超過四公斤的砝碼而未掉落的成功例子！

冷敷包必須方便好用，當然不能如上面的反應（需要攪拌）。最常用的冷敷用品其實是冰枕，使用前將它放進冷凍庫冷凍，需要時取出並以毛巾包裹，即可放在受傷處而達到冷敷的效果。但是如果在戶外或急需時，就需藉助冷敷包了。有一種冷敷包是在袋中裝有硫酸鈉晶體（$Na_2SO_4 \cdot 10H_2O$）、硝酸銨（NH_4NO_3）、硫酸銨（$(NH_4)_2SO_4$）與硫酸氫鈉（$NaHSO_4$），使用時，只要用手搓揉冷敷包，使得硫酸鈉晶體釋出結晶水，這個過程即是吸熱反應，釋出的水溶解其他鹽類再度吸熱，因此可達到降溫的效果。其反應式如下：

$$Na_2SO_4 \cdot 10H_2O_{(s)} + 熱 \longrightarrow 2Na^+_{(aq)} + SO_4^{2-}_{(aq)} + 10H_2O_{(l)}$$

以上兩種化學反應的實際應用，在在顯示化學和生活息息相關，經由化學家巧妙的設計，即可為生活帶來很大的便利。

筆者多年前曾在量販店看到一種自動加熱的盒餐，基於本身是化學老師的背景，對這種盒餐當然甚感好奇，就買了一個回家試用並了解其設計內容。這種盒餐的構造與使用方法是這樣的：外殼是

厚紙板，裡面有兩層，兩層中間是有很多小孔的厚紙板，使用時需將上層的鋁箔包撕開並將其中的菜餚倒入經過脫水處理的米飯上，蓋緊上蓋後，將下層露出厚紙板的線用力拉扯，靜待約十五分鐘，即可享用熱騰騰的盒餐了。筆者食用的感覺還不錯，脫水的米粒變軟了，菜餚的熱度也夠。

我對它的原理當然好奇，經拆解並觀察後，不禁為化學家喝采，這又是一個巧妙的設計。原來下層放了石灰，而那一條線是連接在水袋（注意：又是薄塑膠袋裝水）上，當拉扯線後，水袋即破裂，流出的水與石灰反應而放熱，這些熱再使水形成熱蒸氣通過小孔，使上層的菜餚受熱並使乾米粒吸水而軟化。這個反應是國中以上學生很熟悉的：生石灰加水變成熟石灰，為何稱之為熟石灰？因為放熱的緣故！其反應式如下：

$$CaO + H_2O \longrightarrow Ca(OH)_2 + 熱$$

仔細觀察，餐盒內部貼上鋁箔，這是利用物理熱學原理——金屬反射輻射熱，降低餐盒內的熱能外溢，以提升盒餐溫度。這個商品的設計，結合了物理與化學的原理，可說是又巧妙又有趣，但是食用的感覺是，雖然尚可，但是還是不如親自烹調的美味，尤其這個商品使用不少資源，實在不夠環保，可能這些原因，現在已經找

不到這個商品了。

　　這個實例與暖暖包、冷敷包一樣，說明了我們對化學了解越清楚越深入，並將之用於有益之處以改善生活品質，是化學最大的貢獻。由此可知，化學與我們日常生活非常親近，也因此，化學的某些負面形象（污染、有毒等）也可獲得澄清，化學是我們生活中不可或缺學科，也是我們的良師益友。

（2007 年 2 月號）

認識活化能與低限能

◎──蘇志明、張荊壢

蘇志明：任教國立臺灣大學化學系
張荊壢：任教國立師大附中化學科

在高中化學課程中，僅有一章「反應速率」為介紹反應動力學的章節，此章引進「碰撞理論」來解釋化學反應是否發生。在教學過程中，高中老師常會遇到這樣的問題：化學反應熱的大小會受溫度的影響，而反應動力學又推論說，正、逆反應活化能的差等於該反應的反應熱；可是在相同的教材中，卻又一直認為活化能不受溫度影響。

很明顯地，前後說法有矛盾，這其中一定有一論述環節出了問題。其實，整個問題導源於現行高中化學課本，對活化能與低限能的定義以及兩者彼此之間的關係，未能有清楚且一致的交代所致。本文希望能就這些議題做比較仔細的說明，提供給各位讀者參考。

從碰撞理論說起

　　以分子碰撞的微觀角度，來說明化學反應是否發生的理論，稱為碰撞理論（collision theory）。根據碰撞理論，一個化學反應要進行，反應物彼此之間必須碰撞，但並不是每次碰撞反應都會順利進行而得到產物，還必須進一步考慮碰撞時的方位與能量。高中化學裡所敘述的碰撞方位概念相當具體，較無爭議。本文將只就碰撞時所牽涉到的能量問題做進一步的說明。

　　在反應進行過程中，反應系統內，物種的位能會隨反應的進行有所變化。以反應進行的方向為橫軸，反應物種的位能為縱軸，所繪製的圖稱為反應位能圖。以反應 $AB + CA \rightleftharpoons BC$ 為例，圖一中的灰色曲線為其反應位能圖。如圖所示，當 AB 與 C 以正確方位碰撞後，會形成能量很高的物質，稱為活化錯合物（activated complex），此時新的 $B - C$ 化學鍵正逐漸形成，而舊的 $A - B$ 化學鍵尚未完全破壞。活化錯合物處於一種過渡狀態，可繼續反應生成產物，也可以變回原本的反應物。活化錯合物與反應物的位能差值，稱為反應的低限能（threshold energy, E_t）（圖一）。本文中，我們不考慮分子體系的量子效應，也就是說，低限能即是化學動力學中常稱的位能障礙（barrier height 或 potential barrier）。

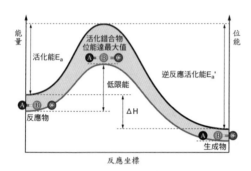

圖一：AB與C反應的能量變化圖，其中灰色曲線
為反應位能變化，黑色曲線為反應能量變化，
兩者之間的區域，則為反應物種所具有的熱能。

但在某反應溫度下，物質除了位能，還具有該溫度下的熱能（thermal energy），圖一中的黑色曲線，則是表示反應過程中物質的能量（位能＋熱能）的變化。能生成產物的活化錯合物能量與反應物能量的差值，則稱為活化能（activation energy, E_a）。

反應物除了必須有正確的碰撞方位，還必須具有足夠的能量超越能量障礙，才能發生反應。在一定溫度下，要能發生反應所需要額外的平均能量，即是活化能。在此的「額外平均能量」是指相對於反應物本身的平均能量而言。由圖一所示，此量可視為一能量障礙，但不可和位能障礙混用。活化能越大，反應越不易發生，反應速率將越小。

活化錯合物與反應物的總能量差值，稱為正向反應的活化能（E_a）；活化錯合物與產物的能量差值，稱為逆向反應的活化能（E_a'）。從圖一中得知，反應熱（ΔH）為此兩活化能的差值，即$\Delta H = E_a - E_a'$。

進一步了解活化能

　　既然活化能的概念這麼抽象，那我們要怎麼測量呢？對某一化學反應，我們可改變溫度，量得一系列的反應速率常數。再依照阿瑞尼斯方程式（Arrhenius equation）：$k = Ae^{-Ea/RT}$，取自然對數得 $\ln k = -E_a/RT + \ln A$，其中 k 為速率常數，E_a 為活化能，R 為氣體常數，T 為絕對溫度，A 為阿瑞尼斯常數。如果求得的實驗 $\ln k$ 和 $1/T$ 成線性關係，則可以 $\ln k$ 對 $1/T$ 作圖，其斜率即為 $-E_a/R$，即可求出 E_a 值。亦即在此實驗溫度範圍內，活化能為一定值。但如果無此線性關係，則需依 $E_a = RT^2 \left(\dfrac{d\ln k}{dT}\right)$，求得某一溫度的 E_a。

　　活化能指的是能生成產物的活化錯合物能量與反應物能量之間的差值。在此筆者進一步釐清何謂「能生成產物的活化錯合物能量」。以虛擬的活化錯合物為例，如圖二，假設此錯合物只有三個能階：E_1, E_2, E_3（在此 $E_3 > E_2 > E_1$，且暫不考慮位能，亦即 E_1 設為 0），其熱平

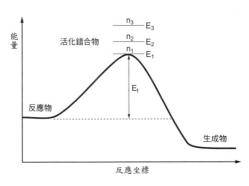

圖二：活化錯合物的能階示意圖，實線表示其位能變化情形。

衡時的分子數分別為 n_1, n_2, n_3，而各能階可以進行的反應機率分別為 P_1, P_2, P_3。則能反應的活化錯合物的熱能可以式 A 表示：

$$< E > = \frac{\Sigma n_i P_i E_i}{\Sigma n_i P_i},$$

式中 $< E >$ 代表平均能量，在此即熱能。如果每一能階反應機會相等，亦即 $P_1 = P_2 = P_3$，則此式可簡化為式 B：

$$< E >_0 = \frac{\Sigma n_i E_i}{\Sigma n_i}$$

其中，$< E >_0$ 即為熱力學中所定義的熱能。

但平常碰到的化學反應，活化錯合物的能量越高，反應機會越大，亦即 $P_3 > P_2 > P_1$。則取上述式 A 和式 B 的差，經過一些代數運算，可知 $< E >$ 必定會大於 $< E >_0$。同樣的，如 $P_3 > P_2 > P_1$，當溫度增高，能反應的活化錯合物熱能的增加量，會大於熱力學熱能的增加量；也就是說，就一般化學反應而言，活化能的大小會隨溫度而改變，且其改變量常常大於熱力學反應熱的改變量。只有在式 B 的特定條件下，兩者的量才相等。注意，在上述公式中，只考慮活化錯合物之熱能隨著溫度可能的變化情形。

一般高中化學教材，常將活化能視為活化錯合物與反應物的位

能差值，而將低限能視為會發生反應所需的最小動能。這些均屬於化學動力學發展過程中，早期所遺留下來的概念或說法。但經過這麼多年來的發展，化學動力學工作者已逐漸對這些專有名詞，建立起一致的解釋及定義了。本文希望能就這些名詞和概念有所釐清。

（2007 年 4 月號）

參考資料

1. http://www.iupac.org/publications/ compendium/index.html
2. P. L. Houston, *Chemical Kinetics and Reaction Dynamics*, 2001, McGraw-Hill, New York.
3. R. D. Levine and R. B. Bernstein, *Molecular Reaction Dynamics and Chemical Reactivity*, 1987, Oxford Press, New York.

妙用無窮的低熔點金屬

◎——李國興、儲三陽

李國興：任職工研院化工所

儲三陽：曾任教國立清華大學化學系

談到金屬熔點，我們很自然會想到兩個極端例子，一是高熔點的燈泡鎢絲；二是低熔點、常溫之下為液體的汞。金屬由固態轉為液態，顯然是代表原子間結合力的鬆綁，因此金屬熔點的高低應該和原子間鍵結強弱有關。一個金屬間的弱鍵會導致它的金屬鍵在低溫即會鬆綁，而表現出低熔點。

各種金屬元素

已知的元素中，有 82%是金屬。在金屬中，原子群會分享它們的價電子。我們可以想像金屬的晶格結構，是脫去價電子後帶正電荷的離子群，被共用的價電子「海」包在一起。這電子海的模型可以說明很多金屬的特性，舉例來說，金屬之可以導電，就是因為共用的電子可以自由的移動，假如拿走金屬某一部位上的一個電子，

其周遭區域的電子就會填補這個洞。

　　金屬能夠被拉成細線，或槌打成薄片，就是因為金屬離子能互相滑動而共享的電子海並不受影響。電子海模型也可以幫助我們了解金屬的硬度和熔點趨向。高熔點的堅硬金屬比低熔點的柔軟金屬具有更多的共享價電子，例如：鈹（Be）比鋰（Li）的熔點高，因為 Be^{2+} 的離子提供兩個電子形成的電子海，而 Li^+ 的離子只提供一個電子形成的電子海。而硼能提供三個電子，熔點更高。

　　第三週期的鈉、鎂、鋁也有相似的趨勢。重的鹼金屬，電子海鬆散，原子間鍵結力弱，熔點特別低。銣（Rb）是一種銀白色的金屬，熔點是 39.5℃，因此會像 M ＆ M 巧克力所說「只溶你口，不溶你手」，實際上，它遇水會激烈反應形成一種強鹼 RbOH，在空氣中會爆炸出火花形成氧化物。在它下面的銫呈現金色，它是除銅和金外，第三個非銀色金屬，熔點是 28.4℃，剛好比室溫高一些，除了汞以外，是第二低熔點的金屬。

　　週期表右側的重元素 d 電子填滿，外層雖有多個價電子（s 及 p 電子），卻顯示熔點異常現象，例如鎵（Ga）和銦（In），比起同族的硼（B）和鋁（Al），熔點明顯下降。鎵熔點是 29.8℃，它一旦熔解，即使室溫已經遠低於它的熔點，它仍會維持數小時的液態超流體，但它的沸點高達 2000℃，因此利用這個特性，做成測溫範圍

	IA	IIA	IB	IIB	IIIA	IVA	VA
n=2	Li $2s^1$ 180.5℃	Be $2s^2$ 1287			B $2s^22p^1$ 2027	C $2s^22p^2$ —	N $2s^22p^3$ -210.0
n=3	Na $3s^1$ 97.8	Mg $3s^2$ 649			Al $3s^23p^1$ 660.1	Si $3s^23p^2$ 1412	P $3s^23p^3$ 44.2
n=4	K $4s^1$ 63.2	Ca $4s^2$ 839	Cu $3d^{10}4s^1$ 1084.5	Zn $3d^{10}4s^2$ 419.6	Ga $4s^24p^1$ 29.8	Ge $4s^24p^2$ 937.3	As $4s^24p^3$ —
n=5	Rb $5s^1$ 39.5	Sr $5s^2$ 768	Ag $4d^{10}5s^1$ 961.9	Cd $4d^{10}5s^2$ 321.1	In $5s^25p^1$ 156.6	Sn $5s^25p^2$ 231.9	Sb $5s^25p^3$ 631
n=6	Cs $6s^1$ 28.4	Ba $6s^2$ 729	Au $5d^{10}6s^1$ 1064	Hg $5d^{10}6s^2$ -39	Tl $6s^26p^1$ 304	Pb $6s^26p$ 327.5	Bi $6s^26p^3$ 271.4

週期表上元素的熔點（℃），碳和砷常壓下有昇華現象，即液態不存在。左側 n 為週期數。

極寬的溫度計。

在高加索山脈深處有一大池約二百噸的純液態鎵，這是俄羅斯用來偵測太陽微中子的設備。聽說數年前，有一批竊賊準備好了吸管裝備來偷取這些鎵，但作案時被逮個正著。鎵是門德列夫利用週期表預測到的第一個元素，他稱為「後鋁」（eka-aluminum）。在他預測六年後，的確找到此元素，使得一些對週期表抱持懷疑態度的科學家們，終於體會到週期表的潛力所在。

過渡性元素均為金屬元素，由於它們的原子半徑一般較小，在純金屬中除外層ns電子參與鍵結外，還有未填滿的（$n-1$）d電子參

與鍵結，因此有較強的金屬鍵，所以它們具有較高的熔點。本文不再進一步地討論它們。

重元素熔點下降以汞為例

　　在週期表中同族的重元素的熔點有明顯下降趨勢，顯然是由於原子間鍵結減弱。同一週期的重元素，例如ⅡB 族（Zn, Cd, Hg）及ⅢA 族（Ga, In, Tl）最為明顯，因為外層的 s 價電子，會受到下述的相對論穩定效應，而降低它有效參與電子海的鍵結作用。這效應要在高週期的重金屬特別明顯，以下先看一個最明顯的低熔點元素，也就是汞的例子。

　　汞（Hg）在很多方面是令人費解的，它在常溫常壓下是液體，熔點-39℃，但是在週期表上鄰近的元素都是固體，汞的活性遠低於鎘或鋅，它難以氧化而且也不傳導電和熱。Hg-Hg 鍵非常弱，因為它的價電子相似於氦原子，不準備分享它的外層 6s 電子對，事實上，汞是氣態中唯一不存在雙原子分子的金屬，Hg-Hg 間弱的鍵結很容易被熱打斷，比起其他金屬，汞的熔點和沸點甚低。由於價電子鍵結弱，電子海無法有效成形，使得汞的導電和熱的能力不如預期。

　　至於汞的 6s 價電子到底有何異常處？由於 s 電子沒有角動量，有

機會貼近重原子核運動，這使得速度接近光速，當物體在如此高速運動時，相對論的質量－速率效應就會發生，會使 1s 內層電子的有效質量增加，也使得它軌域明顯收縮，這也就間接造成 6s 軌道的收縮，使它們滲入內層電子中，軌域能量顯著下降，結果電子惰性增加，不會有效參與化學反應。

汞的鄰居金和鉈

　　如果比較金、汞和鉈三個相鄰原子的電子組態，三者外層價電子分別為$6s^1$、$6s^2$及$6s^26p^1$，而三者內層電子皆為〔Kr〕$4d^{10}4f^{14}5s^25p^65d^{10}$。此三原子均有非常低能量的6s 軌道，但是金的6s 軌道是只有半填滿，樂於再接受一個電子而形成鍵結，的確它的金屬─金屬鍵就如預期一般變強，金的熔點高達1064℃，密度高達19.3，遠大於汞的13.5。雖然它的6s電子能量受到相對論效應而下移，但尚有空缺，所以金有極高的陰電性，相當於硫原子。

　　鉈較汞重，所以 6s 電子對比汞更具惰性，但鉈的實際外層是 6p 電子，因為 p 電子不能像 s 電子一般容易貼近原子核，而且 p 軌道有一個經過原子核的節面，所以它受到的相對論穩定作用力較小，6p 電子比 6s 電子活潑。這也就可以解釋為何鉈最常見的離子是Tl+，而不是像ⅢA 族中輕原子硼、鋁等的三價陽離子，它們的三個價電子

都容易解離。

而 Tl^+ 不肯再脫掉穩定的 6s 電子對的情況，類似現象的有穩定的二價鉛，可以保留 6s 電子對，雖然它有四個價電子 $6s^26p^2$。除此之外，鉍的三價也是個穩定狀態，雖然有五個價電子 $6s^26p^3$，這是無機化學上「惰性 $6s^2$ 電子對」效應，是由施威克（Sidgwick）在 1933 年提出。

這種相對論效應，當然不限於第六週期元素。但進入第五、第四等低週期元素，這效應會遞減。一個有趣的對照是低週期元素（n = 2, 3），IA→IIA→IIIA 元素熔點遞增，價電子數增加，是 s^1，s^2，s^2p^1，但是重元素（n = 4, 5, 6）的 IB→IIB→IIIA，外層價電子組態和上述系列相似，價電子也在增加，但熔點卻是下降（Tl 例外）。

低熔點合金

純金屬元素會有一特定的熔點，當加入其他元素時，通常熔化會發生在一段溫度的範圍，即固相和液相共存，而不會是一特定的溫度點。通常可以將兩種以上不同的金屬元素熔解在一起，冷卻後得到的混合金屬就叫做合金。對很多金屬的合金，可以找到一個特定成分的組成百分比，使其熔點為很低的特定溫度值，如同單一金屬，其組成稱為「低共熔合成物」。

十九世紀末，致力於原子量測定的瑞典科學家柏濟力思（Be-rzelius）有一次為了方便，而將金屬鈉和鉀放在同一個容器中，當他後來打開時發現變成了一灘液態金屬，這就說明合金熔點低於純金屬。鈉鉀合金對空氣和水具有高度活性，所以必須有特殊設備才能操作，僅一克的量就會引起火災或爆炸，它可被用在快速中子反應堆作冷卻劑。其組成為78%鉀和22%鈉，熔點-12.6℃。

　　銫也會和其他鹼金族元素組成合金，其組成為41%銫、47%鉀和12%鈉，是現在已知最低熔點的金屬合金，熔點只有-78℃。

　　與鈉鉀合金相似，如將一些銦棒放在鎵金屬的上面，僅僅是互相接觸而已，即使天氣仍冷，會有部分銦棒熔解形成一灘液態金屬，它們已熔合在一起形成低熔點合金，它比鎵的熔點還要低，在室溫下，低熔點鎵銦合金是液體，其組成為76%鎵和24%銦。

　　這些合金的低熔點可以用熱力學解釋，用個比較簡單的比喻，此作用就好像是將鹽或酒精或其他抗凝固物質加在水中，以降低其凝固點。由熱力學來看，液體凝固後產生的是不同元素或化合物的純晶粒，例如冰棒實際上是糖粒和冰粒的混合，但在液態，個別原子或分子有機會混合在一起，亂度增加，自由能下降，因此液態可以存在於更低溫，因此混合物的熔點低於個別純物質。

各式合金

費得（Field）合金是一種易熔的合金，熔點約 62℃，其組成為 32.5%鉍、51%銦和 16.5%錫。因為它不含鉛和鎘，安全性高，它被用在金屬模子鑄造。

蓋斯坦（Galinstan）合金是由鎵、銦和錫組成的一種低熔點共熔合金，在室溫下為液體，熔點為-20℃。因為它的組成金屬元素無毒，常用來替代水銀和鈉鉀合金的諸多應用，蓋斯坦合金的成分比例為 68.5%鎵、21.5%銦和 10%錫。

有一種伍德（Wood）金屬，其典型的重量百分比為 50%鉍、26.7%鉛、13.3%錫和 10%鎘，此合金的熔點比它的成分中任一金屬元素都還要低得多，在 70℃的低溫就會熔化。常有人拿伍德金屬做的湯匙去惡作劇消遣別人，當他攪拌熱咖啡時，一定會被熔化的湯匙嚇一大跳。除此之外，它還有更實際的應用，下面將介紹兩個例子。它常被應用在高樓、旅館、商店、醫院和大型集會場所，所設置的火災自動噴設裝置中。它是非常有效的，幾乎 90%以上的火災在消防員到達現場前就被熄滅了。

火災噴設裝置的構造，如下圖所示。其水流通常是被一個蓋子所擋住。有一根支柱連接著一根槓桿和杯狀物，緊緊地壓住此蓋

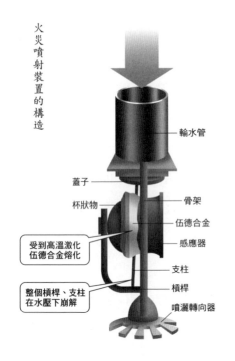

火災噴射裝置的構造

輪水管
蓋子
杯狀物
受到高溫激化
伍德合金熔化
整個槓桿、支柱
在水壓下崩解
骨架
伍德合金
感應器
支柱
槓桿
噴灑轉向器

子。杯狀物和熱感應器之間焊接有伍德金屬。此裝置是被火場高溫啟動,當焊接的伍德金屬熔化時,杯狀物和槓桿被水壓所推開,其他部分散落,水就直接被引導通過轉向裝置形成噴灑水花落下在熱源上。

鑑識應用　讓凶器重現

美國洛杉磯的鑑識專家湯瑪士‧野口博士講過一段神奇的故事,是利用伍德金屬,將受害者的傷口來還原現場凶器的形狀,以下是他親口所述,多年前在洛杉磯的一個案例:

我剛完成了一具屍體解剖,被害者是一個被刺死的二十多歲年輕人。這時一位洛杉機兇殺組偵探進入房間,帶著一個褐色袋子,裝有兇器。

他問道:「你要不要看看它?」

「不,我將告訴你它是什麼樣子!」我回答說。

我並不是在賣弄什麼,這是一個很好的機會來說明法醫如何利

用科技提供法庭上有效證據。傳統找出刀子形狀的方法是在傷口處倒入硫酸鋇，然後照 X 光，來顯現形狀。我想到我有一個更好的方法。在偵探和醫生的注視下，我點燃了一個小本生燈，將伍德金屬放在上面加熱熔化，然後我選了被害人胸部肝臟上方胸口處的一個傷口，倒入液態的金屬，此金屬由傷口處流入被刺穿的肝臟中。當它冷卻後，我取下了一個完整的兇器尖端的模子。我補加上一段從傷口的皮膚到肝臟間的長度。

我對兇殺組偵探說：「兇器是 5.5 英吋長、1 英吋寬和 1/16 英吋厚的刀子。」

他笑著從袋子中拿出一支更小約只有 3 英吋長的口袋型刀子說：「你錯了，野口博士。」

我立刻回答說：「那是錯誤的刀。」

「哦，但是我們在命案現場發現這把刀子。」偵探說。

「你們沒有找到兇器！」我堅定地反駁。

他並不相信我說的，兩天後，警方在離命案現場兩條街外的地方發現了一把沾滿血漬的刀子。而它正好是 5.5 英吋長、1 英吋寬和 1/16 英吋厚的刀子。而且刀刃上血型和被害者相符合，這把刀才是兇器，而命案現場警察發現的口袋型小刀，原來是死者用來自衛的。兩把刀說明曾經兇手和被害人經歷過一場搏鬥！它是否為一場

幫派的械鬥？經過警方的調查發現被害者是一名幫派分子，此幫派和另一個幫派正在鬥爭中，警方在訊問對方幫派成員後，終於順利找到兇手！

總結

　　金屬的低熔點顯然是和原子間的弱金屬鍵有關。汞有相對論效應穩定的 $6s^2$ 電子對，倒像氦原子，金屬鍵特別弱，熔點最低。但其他金屬，可藉合金方式，原理就像糖水冰棒，再創低熔點。天生我材必有用，低熔點金屬或合金，的確有許多重要及有趣的應用。

　　金屬熔點高低是和原子間鍵結強弱有關，常溫下液態金屬除汞之外，尚有鎵、銫、銣。合金比起純金屬又可達更低熔點，原理相似糖水冰棒凝固點低於純冰。低熔點合金可應用在保險絲和火災灑水裝置，甚至可以應用於鑑識科學上。

（2008 年 3 月號）

三聚氰胺

◎──李慶昌

任教建國中學化學科

中國大陸的毒奶粉風暴持續延燒，讓許多有嬰幼兒的家庭都像是遭遇世界末日般的無所適從，甚至連奶精、奶油、麵包、豆類食品和動物飼料等與蛋白質有關的食品全都淪陷。這也使得大陸黑心食品的傲人成就迅速淹沒了 2008 年京奧的光環，像一陣超級颱風般橫掃了全世界，而這整個事件的主角「三聚氰胺」，也和電影《海角七號》一樣瞬間爆紅。

每個人都開始擔心自己不知道吃了多少年的三聚氰胺，也為了要不要去醫院檢查體內腎結石或舍利子的存量而天人交戰；與朋友聊天時也都能像電視名嘴般評論個幾句，以免被譏笑沒知識又不看電視（有的人會誤說成三「氯」氰胺，雖然聽起來都差不多，感覺上也很毒，但是這種物質根本不存在）。到底三聚氰胺是個什麼樣的東西？為什麼要在食物中添加三聚氰胺？它會對人體造成什麼樣的影響？相信這些都是大家最關心的問題。

認識三聚氰胺

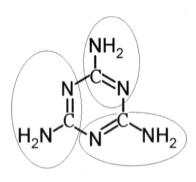

圖一：三聚氰胺結構式。

三聚氰胺（melamine, $C_3H_6N_6$）顧名思義是由三個氰胺分子結合而成的化合物。氰（cyanamide, CH_2N_2，又稱單氰胺）分子的結構式為 $H_2\ddot{N}—C\equiv N:$，碳（C）與其中一個氮（N）之間以三鍵連接，只要把每個氰胺分子內 C、N 間的三鍵打斷一個鍵結變成雙鍵，再以 C、N 原子分別和另外兩個分子形成鍵結，即可得到三聚氰胺的結構式（圖一）。此物質最大的特點是含氮量很高（達 66.7%），這也是它被用來摻加在食品中的主要原因。

三聚氰胺是一種無味的白色化工原料，微溶於水，可溶於酒精、甲醇，常用於製造美耐皿餐具、建材、塗料等，不可用於食品加工或食品添加物中。目前工業製法均以尿素為原料，只要在適度的壓力下加熱至 400℃ 左右時，尿素會合成為三聚氰胺，其反應式如下：

$$6(NH_2)_2CO_{(s)} \longrightarrow C_3H_6N_{6(s)} + 6NH_{3(g)} + 3CO_{2(g)}$$

為何添加食品中

　　食品中主要營養與熱量的來源為碳水化合物、蛋白質與脂肪三種成分，其中只有蛋白質富含氮元素，而蛋白質含量的高低往往是判斷食品等級的重要依據。目前實際檢測蛋白質含量的技術與方法都較為複雜，成本也比較高，因而食品工業上通常採用「凱氏定氮法」（Kjeldahl method），[1] 測出食品中氮元素所占的比例，再間接推算出蛋白質的含量。

　　不同食品中所含蛋白質的種類並不相同，各種蛋白質內氮元素所占的比例也不大一樣，通常都在 16～19%之間。以鮮乳為例，優質鮮乳中蛋白質所占的比例至少在 3%以上，而乳蛋白的含氮率約為16%，換算起來，每一百公克的優質鮮乳中應含有0.48克以上的氮元素。以前曾經有人把做為肥料的尿素（含氮率46.7%）加入食品中以

---

1. 凱氏定氮法是由丹麥化學家約翰凱達爾於 1883 年所提出，先將濃硫酸加入待測樣本中，使所有的氮元素全部轉化為銨離子（NH_4^+），以酸鹼滴定法即可定出氮的含量，再乘以一定換算係數即可求出蛋白質總含量。
   因違法添加三聚氰胺導致凱氏定氮法的測定值失真已經有辦法克服了，只要先將「三氯乙酸」（一種很強的蛋白質變性劑，可以使蛋白質變性沉澱）加入待測樣本中，讓蛋白質形成沉澱；過濾後，再分別測定沉澱和濾液中的氮含量，就可以知道蛋白質的真正含量和冒充蛋白質的氮含量。

提高蛋白值的檢測值，但是因尿素易分解出具刺鼻臭味的氨氣，而漸漸被捨棄。

　　三聚氰胺具有含氮率高、性質安定、沒有異味的優點，又無法簡單的加以測定（須用「高效能液相層析儀」等較昂貴的儀器來檢測），因而被不法之徒當作理想的蛋白質冒充物。只是這種添加物雖然可增加受測食物的蛋白質含量數值，但是卻完全沒有任何營養成分，還會危害人體的健康。

　　高純度的三聚氰胺價格並不便宜，在食品中添加這種物質實在不合成本。根據調查，飼料及乳製品業者經常添加一種俗稱「蛋白精」的粉末，其實只是三聚氰胺工廠製程所剩下的廢料，這種工業廢料除了仍含有不少的三聚氰胺外，還含有三聚氰酸、尿素、氨以及亞硝酸鈉等物質，其中亞硝酸鈉是國際公認的致癌物之一。這些本應請專業環保公司處理的廢渣，卻被工廠偷偷銷售給不法業者，包裝成蛋白精，出售給飼料生產廠，摻到飼料和乳類中出售給客戶。

對人體有何影響

　　經動物試驗資料得知，三聚氰胺是一種低毒性的物質，進入動物體內後無法被消化或代謝，直接以原形態，經腎臟排出。去年美國發生多起犬貓因食用中國進口的寵物食品，導致死於腎衰竭的案

例，這些病死犬貓的腎臟切片中發現未曾見過的結石，是由「三聚氰胺」與「三聚氰酸」兩種物質所形成的結晶體。不久該寵物食品中被驗出同時含有三聚氰胺及三聚氰酸，最可能來源就是添加了被稱為蛋白精的工廠廢渣。

「三聚氰酸」，顧名思義，為三個氰酸 $H\ddot{O} - C \equiv N\colon$ 分子結合而成的三聚體，它有兩種可能的共振結構（圖二）。當三聚氰胺和三聚氰酸同時存在時，彼此能夠以氫鍵連結在一起，這種連結可以反覆延伸，形成一個難溶於水的網狀結構（圖三）。當這種混在食品中的物質進入人體後，由於胃酸的作用，三聚氰胺和三聚氰酸解離，而分別進入血液循環系統內。由於人體無法利用這兩種物質，最終三聚氰胺和三聚氰酸會被血液運送到腎臟，再經由腎臟過濾水分的濃縮作用，兩種物質重新連結成難溶於水的網狀結構，並沉積下來，形成結石，結果造成腎小管的阻塞，尿液無法

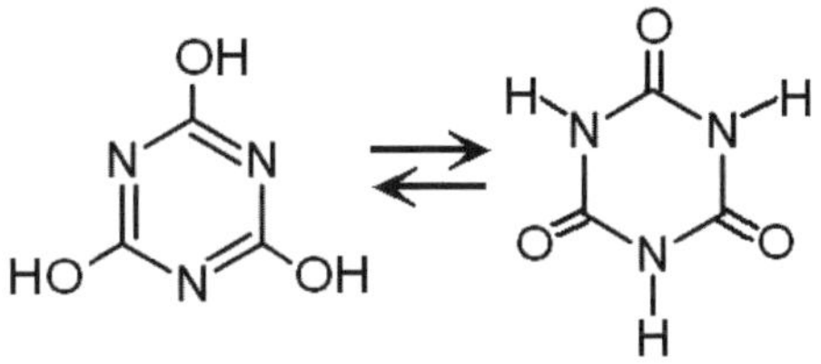

圖二：三聚氰酸結構式。

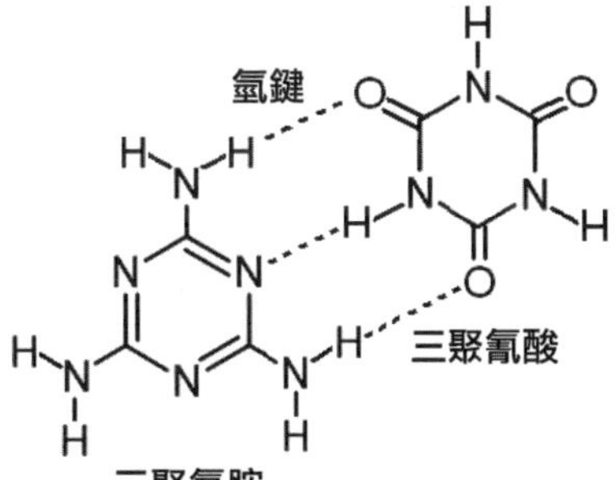

圖三：三聚氰胺與三聚氰酸形成不溶於水的結晶

順利排除，使得腎臟積水，最終導致腎臟衰竭。

國外曾發表針對貓做的動物實驗，三組貓分別餵食三聚氰胺、三聚氰酸與二者的混合物。結果，服用混合物那一組動物最後全數死亡，但另外兩組都沒事，顯示「三聚氰酸和三聚氰胺」混合物，要比兩種單獨存在時危害更劇烈。建議政府必須同時檢驗三聚氰胺與三聚氰酸的含量，才能徹底為人民的健康把關。

（2008 年 11 月號）

三酸甘油酯

◎──劉廣定

約在 2006 年，臺灣社會開始重視食物中的「脂肪」和「反式脂肪」含量，以及對人體健康的影響等問題。報紙雜誌常有報導，唯迄今筆者經眼之文，幾皆有或多或少的不正確或不完整處。按現在我們所說的「脂肪」，實際包括過去習稱的「植物油」（vegetable oils）與「動物脂肪」（animal fats），故 fat 的適當譯名應為「油脂」，其最主要的化學組成為三酸甘油酯（triglyceride）的混合物，故本文試簡述三酸甘油酯的相關性質，釐清某些誤解。

三酸甘油酯

顧名思義，三酸甘油酯即甘油（學名為丙三醇）的三個羥基（-OH）與三個相同或不同的有機酸（RCOOH）形成的酯類化合物（圖一 A），屬於脂質（lipid）中的一種，其共同性質為只溶於有機溶劑，不溶於水，亦即具有疏水性。若其中一個有機酸以磷酸衍生

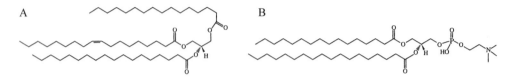

A   B

圖一：（A）三酸甘油酯的分子結構式；（B）卵磷脂的分子結構式。

物代換，則稱為磷脂（phospholipid），例如卵磷脂（圖一B），屬於另一種脂質，兼具親水性和疏水性。[1] 不溶於水的脂質，在血液中先與蛋白質形成可溶性的脂蛋白，再輸送到各器官組織，才成為人體的能量來源之一。

　　三酸甘油酯中「酸」的部分通常為長鏈飽和或不飽和的有機酸，由於飽和有機酸部分為直線形（如硬脂酸，圖二 A），故分子與分子堆積緊密，相互之間的侖敦吸引力較強。[2] 因此，若油脂中飽和有機酸含量高，則易形成固體。

　　但不飽和有機酸部分為曲折形（如次亞麻油酸，linolenic acid，圖二B），相互之間侖敦吸引力不夠強，故若油脂中的不飽和有機酸

---

1. 脂質還有蠟類，甾類和菇類等。
2. 侖敦吸引力是凡得瓦力的一類，乃一種「分子間力」，由侖敦（Fritz London, 1900～1954）於 1930 年提出。非極性分子或分子的非極性部分，雖就平均時間而言電荷分布為球形對稱，偶極矩為零。但在某一瞬間，電子的分布變成不均勻，產生了瞬間偶極矩，導致分子間有相互的弱吸引力。

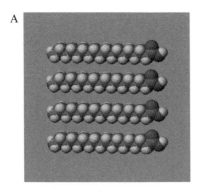

圖二：（A）硬脂酸（$C_{17}H_{35}COOH$）的分子結構模型，其分子與分子堆積緊密；（B）次亞麻油酸（$\Delta 9,12,15—C_{17}H_{29}COOH$ 的分子結構模型。

含量高，就不易形成固體。自然界的油脂為多種三酸甘油酯混合物，沒有固定的熔點，而只有一個相當大的熔化溫度區。一般來說，動植物含的不揮發性油脂在較低室溫下若為固體，稱為「脂肪」；若為液體，則稱為「油」。

脂肪酸

油脂的三酸甘油酯中有機酸鏈的長度差異很大，最少只含四個碳原子，最多可達二十四個，但以含十六或十八個碳的鏈最常見。含八個或更多個碳的直鏈有機酸不溶於水，稱為脂肪酸（fatty acid）。極大多數動植物體內甘油酯的脂肪酸只有偶數碳原子，其中若含碳—碳雙鍵，則為「順式」（cis），如油酸（oleic acid，學名為

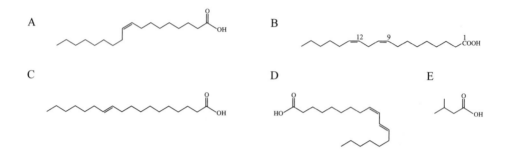

圖三：（A）順-9-烯十八酸（9Z-$C_{17}H_{33}$-C17H31COOH）的分子結構式；（B）順-9,12-二烯十八酸（9E, 12E-$C_{17}H_{31}$COOH）的分子結構式；（C）反-11-烯十八酸（11E-$C_{17}H_{33}$COOH）的分子結構式；（D）順-9-反-11-二烯十八酸（9Z, 11E-$C_{17}H_{31}$COOH）的分子結構式；（E）異戊酸（C_5H_9COOH）的分子結構式。

順-9-烯十八酸，圖三 A）。若含兩個或多個碳─碳雙鍵，則雙鍵皆非共軛性，如亞麻油酸（圖三 B，linoleic acid，學名為順-9，12-二烯十八酸），這是因為生物合成的過程中，乙醯輔酶 A 所導致。唯反芻動物在反芻時有細菌介入，因此其三酸甘油酯也可能含奇數碳原子，例如牛羊乳及脂肪含有十七酸（$C_{16}H_{33}$COOH）的甘油酯，羊膜脂中有順-9-烯十七酸（$C_{16}H_{31}$COOH）；或形成反式（trans）雙鍵，如牛乳和優格（yogurt）都含有反-11-烯十八酸（圖三 C，vaccenic acid）。另牛羊乳與脂肪都含少量共軛的不飽和酸，其中超過 80%為順-9-反-11-二烯十八酸（圖三 D，rumenic acid）。有的海洋生物也頗特別，如一般魚肝油中有十五酸（$C_{14}H_{29}$COOH）的甘油酯；某些海

豚的脂肪甚至含有具側鏈之異戊酸（圖三 E）。

　　關於油脂，一般人誤以為植物油的三酸甘油酯中的不飽和脂肪酸成分較多，而動物脂肪則是飽和脂肪酸成分較多，其實不然。事實上植物油中也有不飽和脂肪酸成分是低於飽和脂肪酸成分者，其「不飽和酸／飽和酸」含量比小於 1，計有椰子油（0.1），棕櫚仁油（0.2），可可豆油（0.6）等。其他如棕櫚油、人的乳油和體脂肪約等於 1。「不飽和酸／飽和酸」含量比大於 1 的動物油則有鱈魚肝油（2.9）與豬油（1.2）。

　　亞麻油酸（圖三 B）分子中從末端的碳原子起算，第六個碳為雙鍵，故是 $\omega-6$ 酸之一，次亞麻油酸從末端的碳原子起算，第三個碳為雙鍵，故是 $\omega-3$ 酸之一。兩者皆為人所必要的成分，但自身不能製造而須自食物攝取，故稱為基本脂肪酸（essential fatty acid）。除棕櫚油、椰子油外，大多數的植物油都含有亞麻油酸酯與次亞麻油酸酯，正常人只要有足夠的亞麻油酸和次亞麻油酸，體內酵素即能自行合成包括各種 $\omega-3$ 酸、$\omega-6$ 酸、$\omega-9$ 酸（如油酸，圖三 A）和其他脂肪酸，無須特別攝取。

反式脂肪

　　大概在筆者的中學時代（1950～1956 年），臺北市面上已經可

以買得到「人造奶油」（即瑪格琳，margarine），也比「奶油」（butter，又譯牛油）便宜。一般人喜歡它味道比較清淡，但筆者卻一直只喜歡傳統的奶油，而不喜歡人造奶油。1990 年左右在科學期刊上看到人造奶油含「反式脂肪」，於人體健康不宜的報告，感覺個人相當幸運。以後每次教有機化學課時，都向學生介紹，現再向讀者說明並加以補充。

所謂反式脂肪，即甘油酯內含碳－碳雙鍵為反式的不飽和脂肪酸，如反油酸（elaidic acid，學名為反-9-烯十八酸，圖四）。因其對稱性較好，分子結構酷似飽和酸（參考圖二A），以致熔點為 44℃，與飽和的十

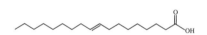

圖四：反-9-烯十八酸（$9E$—$C_{17}H_{33}$ COOH）的分子結構式。

二酸（月桂酸）相同，但順式的油酸（圖三 A）熔點僅 16℃。反芻動物的脂肪裡都含有反式脂肪，就連一般的奶油中都有，約含 4%。

人造奶油及其他「氫化植物油」中的反式脂肪，是在觸媒加氫時生成。此因觸媒加氫時，觸媒活性表面上兩個已活化的氫原子，分兩階段與 K 或 K′中已活化的碳—碳雙鍵（C＝C）結合，使之形成飽和的碳—碳單鍵（HC-CH）。此乃一可逆反應（圖五）：碳—碳單鍵可能先脫一個氫產生中間體 L 或 L′，再脫另一個氫回到不飽和 K

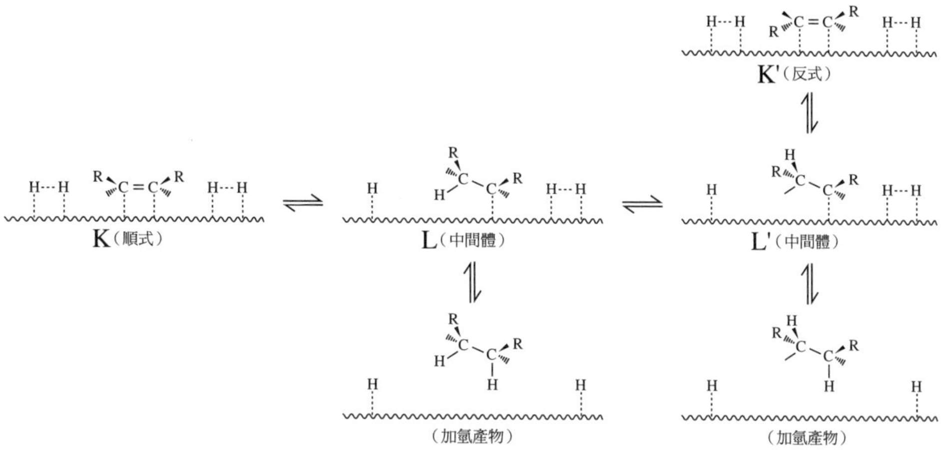

圖五：觸媒加氫時發生的「順反異構化」。

或 K′；或逕自從 L 變成 L′。由於 L 或 L′不含碳—碳雙鍵而可以旋轉，導致平衡中較安定的 L′增多，因此，較安定的反式 K′量也逐漸增多。換言之，在高溫高壓下進行觸媒加氫時，有些順式脂肪轉變成反式脂肪，故氫化油中必有含量多少不等的反式脂肪。

關於反式脂肪，下面再一一說明幾項常見的誤解：

一、一般而言，反式異構物比順式安定，順式脂肪產生的熱量比反式脂肪多，多吃反式脂肪會發胖的一個主因是人體不能消化反式脂肪，就如同飽和脂肪不易被消化一樣而被積留在體內。

二、順式—反式異構化反應若在烹飪時通常不易發生，但在高

溫長時間煎煮、或使用多次回收油則難免會發生此反應。

　　三、反式脂肪原已存在於牛羊乳與脂肪等人類正常食物中，故很難完全避免攝取對人體有害的反式脂肪。目前只有將其攝取量減至最低一途。各地標準不同，例如美國心臟協會的建議是：每天攝取熱量，至多 1% 得自反式脂肪。[3]

　　四、所謂「零反式脂肪」食品並非完全不含反式脂肪。有些從美國進口的食品，依美國的食品標籤條例之規定，每份食用量只含少於 0.5 克反式脂肪的食品，均可標為「0 Trans Fat」。

　　五、實際上，人因食物含反式脂肪，體內亦含反式脂肪，但其量依地區與飲食習慣不同而異。如有研究報告發現歐美人母乳中的反式脂肪：西班牙 1%，德國 4%，加拿大 7%。[4]

結語

　　由本文可知：商業宣傳的 ω−3 酸、ω−6 酸、ω−9 酸等，大多數人並無特別攝取之必要。又可知日常飲食，宜盡量少用含反式脂肪

---

3. 一個需要攝取 2000 卡的人來說，每天不宜吃超過 2 克的反式脂肪。參考 http://www.americanheart.org/presenter. jhtml? identifier=3045792

4. Innis, S. and King, J., *American Journal of Clinical Nutrition*, vol. 70（3）:383-390, 1999.

的食品，故反芻動物含脂肪多之部位以及胃部（如俗稱牛肚、羊肚之類）均最好不吃。最近臺灣社會有「美國進口牛內臟」之爭議，拙見以為不但「美國進口」的不宜食用，其他地區產出者亦不宜食用。換言之，饕客的習慣應有所改變了。

（2009 年 11 月號）

抽絲剝繭論液晶

◎─何子樂

任教於國立交通大學應用化學系

人們熟悉的物質狀態（又稱相）為氣、液、固，較為生疏的是電漿（plasma）和液晶（liquid crystal）。液晶相要具有特殊形狀分子組合始會產生，它們可以流動，同時又擁有結晶的光學性質。液晶的定義，現已放寬囊括了在某一溫度範圍可呈現液晶相，在較低溫度為正常結晶之物質。

液晶的歷史

設於布拉格德國大學的植物生理學家萊涅澤（F. Reinitzer），主要研究膽固醇在植物內所扮演的角色，他在 1888 年 3 月 14 日觀察到膽固醇苯甲酸酯在熱熔時的異常表現。它在 145.5℃時熔化，產生了帶有光彩的混濁物，溫度升到 178.5℃後，光彩消失，液體透明。[1]

---

1. 1850 年左右，W. Heintz 研究脂肪，報導硬脂有特殊的熔化情形。在 52℃開始混濁，58℃最甚，至 62.5℃澄清。

此澄清液體稍為冷卻，混濁又復出現，瞬間呈藍色，在結晶開始的前一刻，顏色是藍紫的。

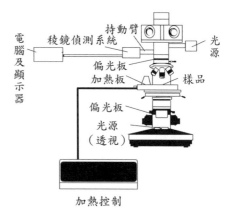

圖一　電腦及顯示器稜鏡偵測系統

萊涅澤反復確定他的發現後，向德國物理學家雷曼（O. Lehmann）請教。當時雷曼建造了一座具有加熱功能的顯微鏡探討液體降溫結晶過程，後來更加上了偏光鏡，正是深入研究萊涅澤的化合物之最佳儀器（圖一）。而從那時開始，他的精力完全集中在該類物質。雷曼初時稱之為軟晶體，然後改稱晶態流體，最後深信偏振光性質是結晶特有，流動晶體（Fliessende Kristalle）的名字才正確。此名與液晶（flsige Kristalle）的差別就只有一步之遙了。

由嘉德曼（L. Gattermann）、利區克（A. Ritschke）合成的氧偶氮醚，也被雷曼鑑定為液晶。但在二十世紀，名科學家坦曼（G. Tammann）以為雷曼等的觀察，只是極細微的晶體懸浮在液體時所形成的膠體現象。[2] 能斯特（W. Nernst）則認為液晶只是化合物的互

---

2. 高分子有存在也曾受到著名的有機化學家質疑。他們認為小分子單元間沒有化學鍵相連接，它們的性質也是來自膠體。

變異構體之混合物。不過，在化學家伏蘭德（D. Vorländer）的努力下，[3] 已經可以預測那一類型的化合物最可能呈現液晶特性，並以合成取得該等化合物質證明理論。

液晶的分類

1922 年，法國人弗里德（G. Friedel）仔細分析當時已知的液晶，把它們分為三類：向列型（nematic）、層列型（smectic）、膽固醇型（cholesteric）。名字的來源，前二者分別取於希臘文線狀和清潔劑（肥皂）；膽固醇型是有歷史意義，以近代分類法，它們是手性向列型液晶。其實弗里德不贊同液晶一詞，他認為「中間相」才是最合適的表達。

圖二是理想化的向列型和層列型液晶排列狀態。兩者的分子均是平行排列，只是向列型液晶是一維結構，二維的層列型更有規律，[4] 分子排列也不一定與層面成直角（可以傾斜）。膽固醇型液晶因為有手性，分子排列時，主軸方向偏移（圖三），整體有螺旋結構。

---

3. 伏蘭德是德國 Halle 大學教授，他指導學生合成了近三百種液晶化合物。
4. 此類液晶又再細分為 SA、SB、SC、SD、SE、SF、SG、SH、SJ、SK 等十種，手性層向型液晶加＊表示，如 SC＊。

1970 年代才被發現的碟型（discotic）液晶，是具有高對稱性圓碟狀分子重疊組成之向列型或柱型系統（圖四）。

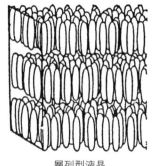

層列型液晶

圖二

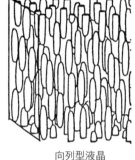

向列型液晶

除了形態分類外，液晶因產生之條件（狀況）不同而分為熱致液晶（thermotropic LC）和溶致液晶（lyotropic LC），[5] 分別由加熱、加入溶劑形成液晶相。熱致液晶相產生可能有兩種情形：

結晶 $\underset{T_1}{\overset{\longrightarrow}{\longleftarrow}}$ 液晶 $\underset{T_2}{\overset{\longrightarrow}{\longleftarrow}}$ 等向性液體（$T_2 > T_1$）

結晶 $\underset{T_1}{\overset{\longrightarrow}{\longleftarrow}}$ 等向性液體（$T_1 > T_2$）

T_2

液晶〔冷卻等向性液體時才得到液晶〕

圖三

---

5. 一般翻譯為熱向性液晶和液向性液晶。

圖四

　　溶致性液晶生成的例子，是肥皂水。在高濃度時，肥皂分子呈層列性，層間是水分子。濃度稍低，組合又不同（圖五）。

　　其實一種物質可以具有多種液晶相。如 4,4′－二（庚氧基）氧偶氮苯的變化是：

$$結晶 \underset{74°}{\rightleftharpoons} 層列\ C\ 相 \underset{95°}{\rightleftharpoons} 向列相 \underset{124°}{\rightleftharpoons} 等向性液體，$$

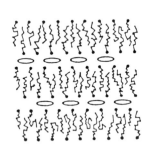

高濃度　　　　　　　　　低濃度

圖五：肥皂水溶液之液晶態

又有人發現，把兩種液晶混合物加熱，得到等向性液體後再冷卻，可以觀察到次第為向列型、層列型、向列型液晶。這種相變化的物質，稱為重現性液晶（reentrant LC）。某些單一化合物亦會顯示此性質：

結晶 $\xrightleftharpoons{94°}$ S_A $\xrightleftharpoons{96.4°}$ N $\xrightleftharpoons{138.9°}$ S_A $\xrightleftharpoons{247°}$ N $\xrightleftharpoons{283°}$ 等向性液體

        層列   向列   層列   向列

液晶分子結構

　　穩定液晶相是分子間的凡得瓦力。因分子集結密度高，斥力異向性影響較大，但吸引力則是維持高密度，使集體達到液晶狀態之力量。又如分子有極性基團時，偶極相互作用成為重要吸引力。

　　棒狀（calamitic）液晶化合物通常具有兩個或更多的環。這些單元直接相連或是有短片段分隔，構成分子的核心區，在終端或環側可能放置小的取代基。環的大小不拘，而且脂環、芳香環、雜環都可以。把環分隔的中介片段，延展分子長度，但不可破壞線性分子

軸，例如兩個苯環間以（CH_2）n 相連，n 是基數，會使分子彎折，液晶相不能產生。[6] 終端的烴基鏈，長度影響液晶形態：較短者趨向形成向列型，較長者層列型。其原因是終端長鏈並排時產生凡得瓦力，但最末端離開核心區越遠（較長鏈）其極化越低，於是與前（或後）分子的終端基吸引力下降，形成向列型趨勢不如層列型。如果烴基有雙鍵，向列型液晶相會較穩定（對受熱較不易被破壞），因為分子極化性比較大，分子之間的立體互斥力又較小。烴基分支則不利液晶相。

在 1983 年以前人們相信，可生成液晶相的分子，其側邊取代基不能太大太長，然而這觀念被證明錯誤。如果分子內放置長鏈，可與主軸平行排列，液晶相便能成立。端基分叉的燕尾型化合物和雙燕尾型化合物，也具液晶特性。又如主軸有苯環，在其上引入多個柔性的烷氧基而得多醚化合物，也可能呈現液晶相。

以氫鍵協助液晶相顯示的分子，有圖六之結構。同時擁有兩個可以獨自構成液晶的結構，稱為 twins。這個可能性，早由伏蘭德考慮過。後人更進一步發展了多種形式，如併環式、側接式、碰頭

---

6. 有人在 2000 年報導 DNA 形成新的液晶結構，其內分子排列成層，向性一致的不彎扭 hexatic 相。

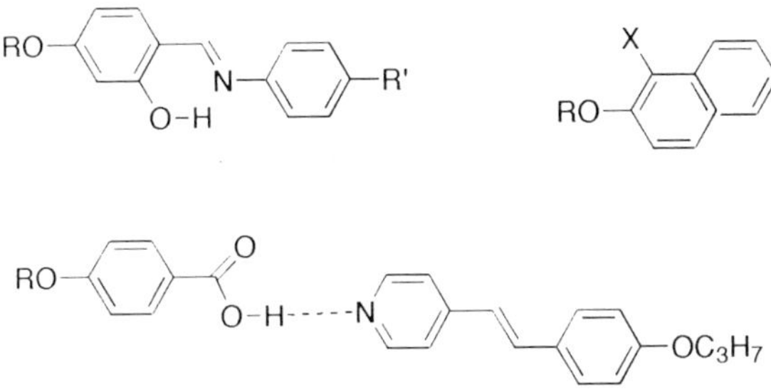

圖六

式、左擁右抱式、環狀二聚式等等。還有疊碟棒狀與星散式分子，內含液晶結構單元就不只兩個了。

　　在高分子內引進液晶基的工作，有大概三十年的歷史。纖維狀高分子有良好的機械性質，用它作為液晶材料的分子骨幹，利益可期。其實製造這些分子的策略有二，其一是把液晶基融入高分子的主幹中，另一方式則是將液晶基導入作為側鏈。不過要提供柔軟的間離基以避免高分子所屬結構妨礙液晶相排列，圖七是兩類高分子液晶的向列型和層列型的示意。

　　還有值得一提的是，聚合物在液晶相壓出的纖維，有極佳強

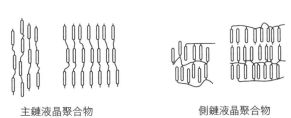

主鏈液晶聚合物　　　　側鏈液晶聚合物

圖七

度。如杜邦公司的 Kevlar（製輪胎、防彈衣原料）便是一例。

液晶之合成

伏蘭德是早期液晶合成的主導人物，在 1901～1934 年間，他有八十個以上的博士生開展該領域。從他的工作可歸納為：長形分子易成液晶，而分子主軸夠長時，少許分支也不會嚴重損害其性質。在他的研究中，高分子液晶也被首度發現。

熱致性棒狀液晶分子既可分為數結構組，併砌積木般的合成策略最有效而實際。核心區部分是芳香環時，此法更為方便。由兩個芳香環組成之核心，建構時不外採用下述諸法：兩個芳香環有相同的取代基之氧偶氮苯類（azoxy arenes），可以把硝基芳香化合物還原取得；亞基芳胺（ArCH ＝ NAr'）則是芳香醛和芳香胺之縮合產物；二芳基乙烯之合成途徑有幾條，採用威提希（Wittig）反應是其一。這些乙烯可被氫化生成二芳基乙烷，或脫氫（間接手續完成）而得二芳炔。

聯苯類核心已成為液晶的重要建材。它們包括二聯苯、聯三苯，以及雜環式前驅物。二、三十年前，合成液晶往往選用簡單的聯苯去引入各種官能基，然後改質。但是近年有機化學家發明了不少新穎、溫和、高效率的偶合反應，直接串聯已帶有官能基的單環

個體，於是液晶核心之取得更容易。這些偶合反應，是以鎳、鉑、鈀、銠等系列的催化劑促成的。

氫化聯苯核心便形成兩個互相連接的環己烷單元，這些產物也常常是良好的液晶材料。如果需要在芳香環上加上烷基，偶合鹵化芳香化合物和烷基金屬試劑應是可行的。另一方法是Friedel-Crafts醯化反應，再經去氧還原。至於含有雜環的核心系統，最方便的手續應是形成取得雜環的同時把各式基團安置好。

由於鐵電性液晶成為研究焦點（見後），製備新的手性液晶日益受到重視。可幸有機化學家已在這方面打下良好基礎，又建立了手性材料庫。以現行的研發趨向，手性液晶合成最常用到酯化和醚化反應。

液晶的用途

液晶分子排列的表現之一是呈現有選擇性的光散射。因而排列可以受外力影響，所以液晶材料製造器件的潛力很大。規範於兩片玻璃板之間的手性向列型液晶，經過一定手續處理，就可形成不同的紋理。平面式、指紋式、焦錐式的排列見圖八（下方為偏光顯微鏡下看到的圖案）。

膽固醇型液晶，因螺旋結構而對光有選擇性反射，利用白光中

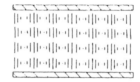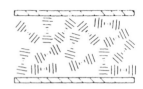

平面式　　　　　　　　錐式指　　　　　　　　紋式

圖八：液晶形態

的圓偏光（只有一種偏光被相同手性螺旋結構反射，其他的入射光可以通過），可以製造測熱器件。更簡單的是根據變色原理製成的溫度計，廣為人知。在醫療工作上，皮膚癌和乳癌之偵測也可在可疑部位塗上液晶，然後與正常皮膚顯色比對。癌細胞代謝迅速，溫度高於正常細胞。膽固醇型液晶在環境污染檢測有所幫助，因為它們吸附氣體後，顏色改變；不同氣體有不同顯示。

　　電場與磁場對液晶有巨大的影響力，向列型液晶相的介電性行為是各類光電應用之基礎。用液晶材料製造以外加電場操作之顯示器，在 1970 年代以後，發展很快。多項優點如小容積、微量耗電、

低操作電壓、易設計多色面版等等，實在令人興奮。不過因為它們不是發光型顯示器，在暗處的清晰度、視角和環境溫度限制，是不可忽略的。最顯著的用途，也許是電視和電腦的屏幕，大型屏幕在已往受制於高電壓之需求，變壓器之體積與重量是驚人的。其實，彩色投影電視系統，亦可利用手性向列型液晶去建造重要零件如偏光面板、濾片、光電調整器。

　　呈現紅橙色及黃色的偶氮基和氧偶氮基液晶系列，具有雙色性；在吸收光線的能力沿分子軸方向與其他方向不同。染料分子的遷移動量是沿分子軸的，而正雙色染料（pleochroic dye）吸收沿長軸入射光；負雙色染料吸收入射光垂直於分子長軸的的向量。偶氮基液晶為正雙色染料，紅紫色的四𠳾系是負雙色性的。

　　因為具有液晶性的染料分子不多，應用範圍推廣有賴於主客體效應。此法是以液晶主體分子的定向排列，使加入其中的棒形染料分子（本身無液晶性）也隨著向列。圖九所示顯示器在無電場時從左方看到正雙色染料分子的顏色，但通電後，液晶使染料分子主軸與視線相同，入射光通過（不反射）而不顯色。據此原理構成的系統，染料也要有耐化性和耐光化性，適當的消光係數、雙色比例，可溶於液晶主體等條件。到目前為止，和偶氮染料最為廣用。至於要得到黑色，數種有寬頻吸收的染料混合物可滿足需求（總和是要

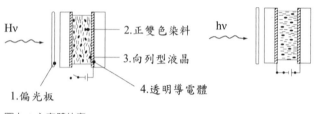

1.偏光板　　　　2.正雙色染料　　3.向列型液晶　　4.透明導電體

圖九：主客體效應

吸收全部可見光波）。又為了避免電化學破壞，離子性染料不可用。

主客體的安排，還有利用於非線性光學（NLO）材料的建構上。這些材料的倍頻現象，把可見光波與紫外光波改變為近紅外區光波，對光纖通訊助力很大。把具有高度超極化性的分子如 4-甲胺基-4'-硝基＝苯乙烯參入被加熱軟化的向列性液晶共聚物薄膜，用直流電場調整聚合物的液晶單元同時，也使加入的小分子定向。冷卻時（電場維持），希望後者被固定。此法的確可行，但其實 NLO 結構單元也可以共價鍵與液晶性聚合物主體連接。

前面提到鐵電性物質，是供應快速轉換顯示有特殊價值的。鐵電性固體，已知之甚久，但具有該特性之層列型液晶在 1975 年才被發現。這些都是展現自發極化能力的絕緣體，向性可被電場逆轉的。其結構單元有分離的正負極，這些偶極子集於一區，受外加電場作一致取向，又隨反向電場而轉向。在高於某一溫度（稱為居里溫度）時，熱能克服了排列偶極子之力量，而使鐵電性消失。鐵電性液晶分子要有手性中心，橫互偶極矩，分子長軸與層面傾斜。如

果置於兩個電極之間,自發偶極矩會作兩倍傾斜角之旋轉。

　　阻光用的電子窗簾,構造並不複雜。液晶分子微胞處理後,黏著於透明電極玻璃板上,再覆蓋另一電極玻璃。通電時,散亂排列的液晶分子重排,容許光線透過。焊接面罩,則配合硫化鎘感光體控制電路開關。閃光觸發液晶層在 30ms 內把光遮蔽。

　　我們還可遇到許多靠液晶性質設計的工具和器件。包括液晶型列印機、立體影像眼鏡、紅外線電視攝影機、超音波視像儀、透鏡、稜鏡(圖十)等等。

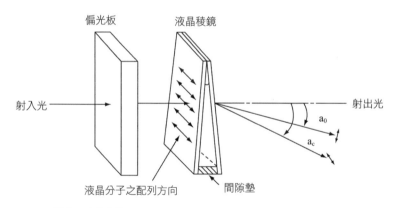

圖十:液晶稜鏡原理

生物系統的液晶

　　液晶在生物體的重要性,實在難以估算。固醇類、脂肪類的化

合物分布極廣，細胞膜不能沒有這些成分，而細胞分裂也賴具有液晶性的結構。細胞膜的功能是分隔並保持原生質，控制物質交換及傳遞訊號，非有介於剛柔之間的結構無以達成。細胞內的微管和微絲，似乎有向列型液晶的特性。如以光雙折射為液晶特徵，則多種組織如肌肉、卵巢、腎上腺、神經皆顯示其存在。又從溶液觀測，核酸、膠原蛋白、菸草花病毒都呈現液晶相。動脈粥樣硬化與鐮狀細胞性貧血和液晶態有關聯。隨血液流動的膽固醇，存在於液晶相，而保持此狀態要有磷脂。二者比例若起變化，則使膽固醇結晶析出而沉積在血管內壁，引起動脈粥樣硬化。

生物體內有不少的類螺體（helicoid）結構，除了上面提及的膠原蛋白在人類腿骨及鳥類眼角膜有該形式存在，[7]由幾丁質纖維分布於固化蛋白質而成的甲蟲外殼，[8]以至由纖維素和半纖維素組合的植物細胞壁，都屬類螺體。因為它們太像扭向列型液晶，所以形成過程也最可能是經過分子在液晶相進行自組到完成後固化。

（2002 年 1 月號）

---

7. 鳥眼角膜之膠原蛋白是夾雜於多糖基質的。功能為保持角膜的球狀以避免發生視像差。
8. 蜣蟑（scarab）是典型。

膽固醇型液晶應用

◎─胥智文

任職工研院面板開發技術部

大自然物質的形體可區分為固體、液體、氣體三種形態，其中固體具有固定體積與固定分子距離結構，液體則有固定體積但是分子卻混亂排列，氣體則無固定體積並且分子混亂排列。然而西元 1883 年奧地利植物學家萊尼澤（Friedrich Reinitzer）發現一種物質，加溫到 150℃的時候會融化變成混濁液體狀態，並且具有特殊光澤；再繼續加溫到 180℃以上則變成透明的液體狀態，再降低溫度後又可以回復到混濁狀態。於是當他向德國物理學家雷曼（Otto Lehmann）請教，透過架設可加溫的顯微鏡並加上偏光鏡作觀察，發現此物質為具有固態晶體結構的流動液體，是介於固態晶體與液體之間的一種新狀態，故稱之為液晶，而這兩位發現者也因此被尊稱為液晶之父。

液晶依照分子排列結構區分為層列型液晶（sematic liquid crystal）、向列型液晶（nematic liquid crystal）與膽固醇型液晶（cholesteric liquid crystal，圖一）。其中層列型液晶具有層狀結構，向列型液晶具有條狀結構但是並無清楚層狀排列，膽固醇型液晶則在液晶排列方向會有依照垂直軸向水平旋轉的結構，當液晶方向旋轉360度的時候所需要距離則稱為一個旋距（pitch），透過調整液晶材料組成，則可以改變膽固醇型液晶的旋距。

膽固醇型液晶具有雙穩態特性，就是說在自然存在狀態下有兩個穩定的狀態，其中一個是平面狀態（planar state），為液晶分子排列整齊可以反射特性波長光線的狀態，通常稱為亮態；另一個狀態為焦點圓錐狀態（focal conic state），其液晶分子排列混亂，會將入射光線散射，通常稱之為暗態，此狀態可以看到液晶層下一層物質的顏色；此外，還有一個暫時態則為垂直狀態（homeotropic sta-

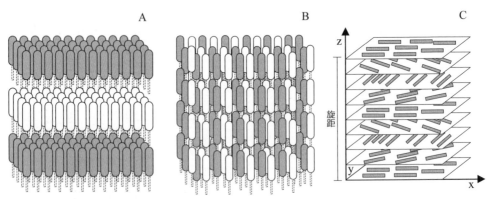

圖一：三種不同液晶分子結構示意圖。（A）層列型液晶；（B）向列型液晶；（C）膽固醇型液晶。

te），其液晶分子全部呈垂直排列，光線可全部穿透而能看到液晶層下一層物質的狀態（圖二 A）。

這三個狀態可以透過加諸在膽固醇型液晶的電場進行改變：當膽固醇型液晶處於平面狀態時，可以加以較小電場以改變到焦點圓錐狀態；當施加以較高電場時候則可以將液晶全部垂直排列轉換成垂直狀態。而在垂直狀態下，若將電場快速移除則液晶回復到平面狀態，若電場緩慢移除則液晶會變成焦點圓錐狀態，所以透過加諸電場與移除快慢則可以改變膽固醇型液晶的狀態。

膽固醇型液晶除了具有雙穩態特性之外，也會遵守布拉格反射定律（Bragg's reflection law，圖二 B）。所謂布拉格反射定律就是當光線入射結晶格排列物質的時候，第一束光線遇到 A 點反射與第二

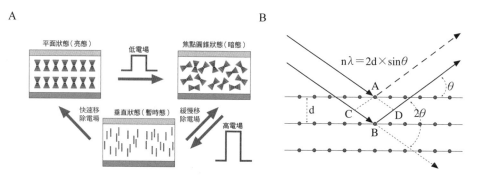

圖二：（A）膽固醇型液晶雙穩態轉換示意圖。膽固醇型液晶可藉由電壓的高低不同，從暫時態切換成兩種不同的穩定狀態。（B）布拉格反射定律示意圖。

束光線遇到 B 點反射，此兩束光線所走路徑差異為 CB 與 BD 兩段距離，這兩段距離總和為 2d×sinθ，其中 d 為週期結晶格之間距離，θ 則為入射光線與物體表面夾角。若此兩束光線所走距離的差異（2d×sinθ）為入射光線波長（λ）的整數倍，則有建設性干涉現象。

　　因為膽固醇型液晶遵守布拉格反射定律，所以可透過調整液晶的旋距來調整反射光波長（圖三 A）。當液晶旋距調整為讓藍色光線具有建設性干涉現象，則可以反射藍色光線，使液晶顯示出藍色，同樣道理也可以調整液晶旋距達到反射綠色、紅色波長的效果，如此膽固醇型液晶便可以透過調整旋距而顯示出不同顏色效果。利用此現象將膽固醇型液晶調整為反射黃色波長，再將底層塗以藍色吸收層（圖三 B），當膽固醇型液晶處在平面狀態時候則能反射黃色效果，再加上底層藍色吸收層，則兩色光線可以組合成白色畫面；當液晶處於焦點圓錐狀態時候，光線僅反射

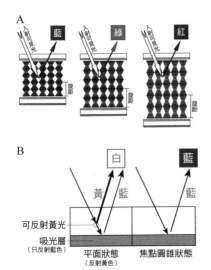

圖三：（A）膽固醇型液晶反射彩色光譜示意圖，不同顏色其反射的位置有所不同以造成不同的干涉；（B）膽固醇型液晶顯示藍色、白色的原理，藉由雙穩態轉換的不同與反射底板藍色來調整呈現的顏色。

底層藍色吸收層顏色，所以只有藍色，如此則可以製作藍色、白色兩種顏色之面板。

　　利用膽固醇型液晶可以反射不同顏色效果的特性，美國肯特顯示公司（Kent Display Inc., KDI）提出以三層堆疊方式達到全彩效果（圖四）。當要顯示紅色畫面時候，則將藍色、綠色面板驅動到焦點圓錐狀態，紅色面板驅動到平面狀態；若要顯示紫色畫面則將藍色與紅色面板驅動到平面狀態，只要將綠色面板驅動到焦點圓錐狀態，以此類推則可以顯示不同顏色。

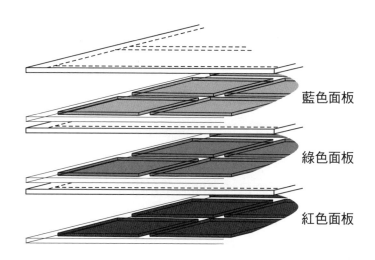

藍色面板

綠色面板

紅色面板

圖四：以三層堆疊方式顯示全彩畫面的結構圖，除最上層外，每一層各負責一種光的三原色。

肯特顯示公司所開發的全彩面板放置於戶外大太陽底下，仍可以顯示非常清楚的畫面。此乃膽固醇型液晶的另一種特色：因為是反射式面板所以不需要背光模組，只要利用環境光反射就能顯示畫面，如同書本、紙張一樣，在戶外非常亮的環境仍可以清楚辨識，不像目前市售平面穿透型液晶顯示器，在戶外強光下就無法看清楚畫面。

膽固醇型液晶電子書

以膽固醇型液晶作為顯示介面開發應用於電子書的產品，因為具有雙穩態特性，當不提供電場的時候，畫面可維持不變，具有非常省電的特質。此外膽固醇型液晶本身可以反射出不同顏色，不需要額外增加彩色零件即可顯示不同顏色，所以各國公司利用此技術陸續開發電子書產品的應用。主要看重其省電優勢，可以將數千本書籍內容儲存於電子書後，長時間閱讀不需要另外充電，並且由於其光源是採取反射式面板接近紙張的閱讀方式，不容易造成眼睛疲勞。

這一類的電子書，最早於 2003 年由歌林公司開發出綠色、黑色的單色電子書產品 i-Library，利用綠色膽固醇型液晶與黑色底層吸收層，可以顯示黑色與綠色畫面。

後續日本松下公司（Panasonic）也以藍色、白色顯示方式開發

出雙螢幕的電子書產品 ΣBook，可顯示 16 灰階效果，對於閱讀漫畫、圖片已經可以清楚顯示細緻灰度變化。發展出三層堆疊技術的肯特顯示公司也開發了單色電子書雛形，反射率超過 35%、對比大於 25，顯示照片的效果良好。到了 2007 年日本富士通公司（Fujitsu）透過專利與技術轉移獲得肯特顯示公司的技術，將三層堆疊結構應用於全彩電子書產品，並開始販售八吋、十二吋兩種規格的電子書，正式開啟彩色電子書的產品階段。

富士通公司利用三層堆疊結構，當三層液晶全部驅動於平面狀態時，可以顯示白色畫面。最底層則為黑色吸收層，藉以顯示黑色畫面，並且製作三層不同顏色膽固醇型液晶面板，再進行三層組合組裝貼合，形成全彩顯示的彩色面板。在 2005 年研發初期所開發堆疊的彩色面板僅有八個顏色，反射率僅有 18%，後透過液晶顏色的調整、驅動技術與系統改善、面板結構材料搭配設計等方面，陸續將反射率提升到 22%、25%，並且顏色也大幅改善到可以顯示 4096 色，也就是能顯示 16 灰階效果。富士通以此規格開始販售彩色電子書產品，其推出的兩種尺寸規格與不同解析度，可以清楚顯示漫畫圖畫效果，並且創新應用於電子菜單、電子目錄等產品，提供消費者最新產品狀況以便購買，並且整合觸控面板功能，方便使用者輸入與作筆記需求。

在 2009 年的顯示器國際會議（Society of Information Display, SID）上，富士通公司發表最新研發的改善規格，將反射率提升至 33%，顏色表現可達 26 萬色，色飽和度可已達 19%。主要在面板結構上以光阻製作擋牆以控制基板之間的間隙，而不是使用傳統以塑膠粒子作為間隙的控制材料，可以避免液晶在塑膠粒子周圍的漏光，並且使液晶排列整齊，大幅提升反射率與對比。也由於解決了暗態漏光的問題，得以提升色彩表現達 19%，而光阻製作擋牆均勻性，與控制液晶均勻性的提高，則可提升灰階表現能力，進而呈現更多色彩，達到 26 萬色的顯示效果。

同一場國際會議上，韓國三星公司（Samsung）也發表了以單層結構製作十吋彩色膽固醇型液晶面板的雛形，並且能以主動驅動方式驅動膽固醇型液晶，達到顯示動畫效果，其反應速率為 25 毫秒。但由於僅有單層結構，所以反射率只達 10%，色彩表現飽和度為 15%，而且有別於富士通公司的被動驅動方式——其更換畫面需時超過十秒，對於使用者仍嫌過慢。所以主動驅動膽固醇型液晶具有快速更換畫面、播放動畫、靜態不耗電顯示等優點，勢必為未來電子書發展重要趨勢。由於富士通所發展的三層堆疊彩色化技術，主要是從美國肯特顯示公司技術轉移而來，所以在此會議中該公司也發表與富士通相同的彩色電子書產品。

在臺灣膽固醇型液晶的研發也有多年經驗，主要於工研院顯示中心投入最多研發能量，其應用於電子書的顯示技術以單層彩色化結構為主（圖五）。此結構以光阻製作擋牆（bank），將每一畫素作隔離，再用黏著層（adhesion layer）將上下基板作黏合，確保每一畫素液晶不會混合；再使用目前平面顯示器製程的真空注入方法，分別將紅色、綠色、藍色液晶注入畫素區內，即可以分別控制畫素液晶狀態，達到顯示彩色的效果。工研院顯示中心所製作 10.4 吋四分之一視訊圖形陣列（QVGA, 320×Red Green Blue×240）、解析度40ppi（pixel per inch，每吋的畫素數目）的彩色電子書雛形，分別於2007 年、2008 年開發展示，在液晶材料、結構設計、製程改良、驅動技術等方面進行改善，可以達到對比大於 5、反射率大於 25%、512 色表現等性能。此種創新結構也有申請專利獲得認證，以確保工研院其自主專利性。

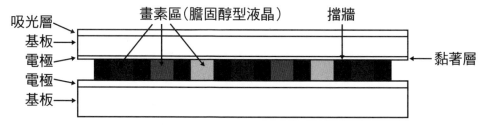

吸光層
基板
電極
電極
基板
畫素區（膽固醇型液晶）
擋牆
黏著層

圖五：工研院顯示中心所開發單層結構彩色膽固醇型液晶顯示技術結構圖。

由於單層彩色化結構在設計上僅能利用三分之一光線亮度，為了提升反射率，工研院顯示中心又提出雙單元（dual-cell）結構，以利用另一旋性的光線。先前介紹膽固醇型液

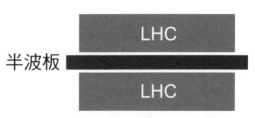

圖六：工研院顯示中心開發雙單元結構以提升反射率。LHC 為左旋性膽固醇型液晶面板之縮寫。

晶具有軸像旋轉的特性，所以僅能反射單一旋性的光線，另一旋性的光線則在穿透後被吸收掉。所以此雙單元結構要製作兩片同為左旋性膽固醇型液晶面板，中間夾一層半波板（λ/2 wave plate，圖六）。當右旋性光線通過第一片面板後經過半波板，會改變旋性為左旋光線，如此通過第二片面板反射時，可以大幅提升反射率。採用此結構製作的雛形於 2009 年底開發完成解析度 100ppi 的彩色電子書樣品，其反射率超過 34%、4096 色表現、驅動電壓小於 40 伏特，而在放大影像時仍可以清楚顯示畫面，並且透過光學模擬將白平衡作改善，達到白色畫面時更接近白紙的表現。

膽固醇型液晶電子紙

對於電子紙的應用開發，各國也投入心力以開拓新的應用市場與產品。例如歐洲公司魔彩（Magink）以拼接數百片膽固醇型玻璃

面板，製作成大型戶外與室內廣告看板，以取代以往大圖印刷輸出的廣告紙張，做出長度二公尺、寬度三公尺的大型面板。由於是反射式面板，所以晚上需要外加燈光。製作出的面板規格反射率超過 33%、對比大於 40、色彩飽和度超過 34%，比雜誌色彩表現（27%）更為優異。該公司將面板暗態驅動到垂直狀態，可以將液晶完全垂直排列，所以大幅降低暗態反射率以提升對比。

除此之外，日本富士全錄（Fuji Xerox）公司採用了聚對苯二甲酸乙二醇酯（polyethylene terephthalate, PET）塑膠基板，將微胞化膽固醇型液晶（pol ymer dispersed liquid crystal，PDLC，以高分子材料將液晶包覆形成微小膠囊狀的方法）作為顯示介質，並且增加一層光感應發電材料（optical photo conducting, OPC），如此一來，當有光線通過時會產生電壓變化，因此可以透過照光方式，更換膽固醇型液晶面板畫面，取代影印紙張的應用（圖七）。

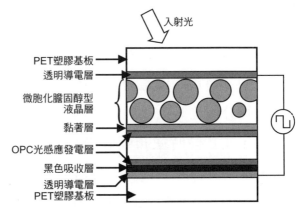

圖七：日本富士全錄所開發的膽固醇型液晶電子紙剖面結構圖，是以光感應的方式來改變畫面。

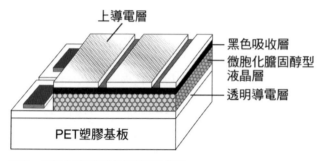

上導電層
黑色吸收層
微胞化膽固醇型液晶層
透明導電層
PET塑膠基板

圖八：柯達公司所開發的單基板結構圖。

美國柯達（Kodak）公司也採用塑膠基板進行電子紙開發（圖八），結構以 PET 為基底，上面製作透明 ITO（indium tin oxide, ITO）導電層、微胞化膽固醇型液晶層、黑色吸收層（dark layer, DL）、上導電層（top conductors, C2），微胞化液晶以顯微鏡確認直徑大小約為 10 微米。

柯達所開發出來的軟性電子紙雛形，可以像紙張一樣捲曲成筒狀，更接近紙張的柔軟可捲曲特性，而其製程採用連續式成捲方式（roll-to-roll），類似報紙印刷方式進行電子紙製作。第一道製程以雷射蝕刻將透明導電層進行圖案化，第二道製程則以精密塗布方式將已經分散均勻的微胞化膽固醇型液晶快速均勻地塗布在塑膠基板上面，並且同時塗布吸收層材料，達到快速生產低成本的製作方式。再來以網印製程將上導電層以銀漿料圖案化印刷於吸收層上，固化後即完成軟性電子紙的製作，再依照客戶需求剪裁大小。相關製程與專利技術已經於 2007 年技術轉移給工研院顯示中心（圖九）。

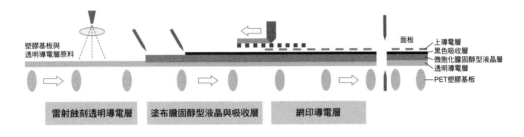

塑膠基板與
透明導電層原料

面板
上導電層
黑色吸收層
微胞化膽固醇型液晶層
透明導電層
PET塑膠基板

雷射蝕刻透明導電層　　塗布膽固醇型液晶與吸收層　　網印導電層

圖九：工研院顯示中心自柯達公司技術轉移得到的連續式製造技術流程說明。

　　如此連續製作出來的軟性電子紙，透過改變液晶反射波長與吸收層材料顏色（nano-pigment, NP），得到的樣品反射率可達 35%、對比大於 10、解析度 30dpi（dot per inch）、驅動電壓 170 伏特。其中吸收層材料以奈米等級大小之顏料混合而成，如此可以有各種不同的顏色組合。

　　除了以電壓驅動膽固醇型液晶電子紙之外，工研院顯示中心也與南分院雷射中心合作，開發以雷射寫入方式將畫面進行重複寫入的技術：利用雷射寫入區域將膽固醇型液晶局部加熱，造成液晶轉態而顯示不同狀態。因為雷射光束直徑大小約為 10 微米，可以寫入高解析度的畫面達 225dpi，也因為高解析度而能將畫面以空間分布達到灰階效果。用類似列印紙張的方法將畫面以微小區塊分割，雖然僅有顯示亮態、暗態效果，但是巨觀呈現則有灰階效果，可以清

楚顯示相片畫質。

　　透過膽固醇型液晶不同寫入驅動方式的呈現（電壓寫入、雷射寫入、熱寫入），可以應用在各種不同的電子紙產品，例如以電壓寫入應用於電子識別證（e-badge），可清楚顯示 8 灰階人像相片效果；還有以雷射寫入的高解析度電子桌曆（e-calendar）與電子賀卡，以及點陣式滾動電壓驅動方式達到長度一公尺的電子字畫（e-banner）。工研院顯示中心並且與國內知名設計公司合作開發具有藝術價值的造型軟性電子時鐘。大幅擴展電子紙在各種生活層面的應用產品。

　　2009 年底顯示中心更改裝需市售熱寫入列印模組，進行電子紙熱寫入樣品，開發完成全世界最長（超過三公尺長度）的電子紙雛形，解析度達 200dpi 以上，不僅可以清晰表現中國國畫細膩與灰階效果，更具有畫軸之意境，開創了新型中國電子書畫的產品應用。若整合無線傳輸系統與熱寫入模組，將系統整合縮小化達到可以壁掛式方式呈現，則可無線傳輸電腦中的圖片來更換畫面，未來可以同時更換數十片電子字畫產品，達到數位藝廊或居家書畫布置效果。目前這些電子字畫可重複寫入次數超過三十次，未來仍需要在液晶材料、寫入均勻性控制、材料表面粗糙度、保護層材料等各方面進行改善，以達到寫入次數達百次甚至千次的產品化需求。未來

產品將更注重互動式需求，整合軟性導電材料，利用壓力感應不同電阻，達到訊號變化差異以更換畫面。因為軟性電子紙具有可捲曲方便攜帶、耐衝擊、不易碎裂、省電等特性，未來應用面將可望改變人類生活。

　　國際上市售電子紙應用產品如美國肯特顯示公司所生產的產品，可應用於電子商品外殼的顏色更換、電子卡片、電子手寫板、行動硬碟顯示幕等。其中電子手寫板的原理，是利用膽固醇型液晶受到外部壓力時，由焦點圓錐狀態轉換為平面狀態的特性。如此設計單一電極畫素，當書寫完成後只需要按一下按鈕提供電壓作整個畫面清除，就可以避免紙張使用浪費，具有電子白板的功能。而行動硬碟的顯示幕，更可以讓使用者清楚了解目前硬碟容量與儲存內容，不需要額外提供電能作畫面維持。這些都是已經市售的產品，提供電子紙產品更多樣的選擇。

未來市場與規畫

　　韓國市場預測公司 Displaybank 於 2008 年預測了未來電子紙、電子書的市場：2017 年電子紙（包含電子書）產值將超過美金六十五億元，其成長幅度也以曲線方式向上成長。而工研院產業經濟與趨勢研究中心（IEK）於 2009 年所做的評估（圖十），也預測電子書未

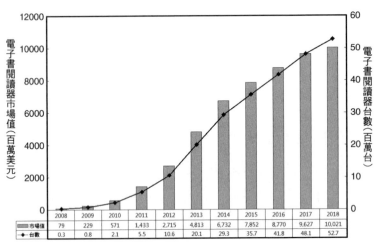

	2008	2009	2010	2011	2012	2013	2014	2015	2016	2017	2018
市場值	79	229	571	1,433	2,715	4,813	6,732	7,852	8,770	9,627	10,021
台數	0.3	0.8	2.1	5.5	10.6	20.1	29.3	35.7	41.8	48.1	52.7

圖十：工研院 IEK 所預測電子書未來產值與產量。

來產值將大幅向上提升，2018 年出貨量上看五千二百萬臺，產值高達一百億美元以上，未來的市場預估與產值更可望大幅成長。

電子書的應用結合軟體開發、系統整合、內容提供等布局，可以廣泛應用於書籍、雜誌、教科書、目錄、廣告等不同領域。在規格需求上則朝向彩色化表現、快速反應、節能省電等方面技術改善，而電子紙更將廣泛應用到未來生活的不同角落，例如電子標籤、卡片、識別證、電子外殼、電子書畫、互動式廣告、布告欄、情境牆面布置等創新應用。所需要的改善則在於系統整合、信賴性需求、使用方便性、互動式、色彩表現、節能省電模組設計等方面。

在不遠的未來，電子書的普及將更有益於知識的傳播與累積，讓人人隨身都能攜帶相當於一個圖書館的藏書。

（2010 年 2 月號）

鋰二次電池

◎—詹益松

任職動能瑀技公司

自從在十八世紀末 Galvani 發現，以銅棒與鐵棒同時接觸青蛙的腿部肌肉，會產生抽搐現象後，人們開始發現電的存在，也開始了電的應用與研究。一般而言，電池提供人類日常生活中各種電器用品所需的能源，從消費性民生用品到資訊產品、通訊產品、電動腳踏車、電動車、軍事武器甚至太空船及人造衛星……等等，電池幾乎無所不在。

電池的五種構造

所謂電池，是將儲存在電極活性物質的化學能，經由氧化還原反應直接轉換成電能的裝置。電池的構造主要包含五個部分：

（一）陽極（anode）：或稱為負極（negative electrode）電極進行電化學反應時，陽極進行氧化反應，放出電子到外部電路。

（二）陰極（cathode）：或可稱為正極（positive electrode）電極

進行電化學反應時，陰極進行還原反應，接收經由外部電路來的電子。

（三）電解質（electrolyte）：為離子溶液，可能是水溶液、膠態溶液或有機溶液，負責傳遞正負極之間的離子，充放電時與外部線路完成通路。

（四）隔離膜（separator）：為了降低電池內部的阻抗，正負兩極必須相當靠近，但應防止兩極直接碰觸造成電池短路，因此正負兩極間需加上隔離膜。此外，隔離膜的存在也要不妨礙電解質的離子導電與流動擴散，所以隔離膜需具備：（1）良好的化學穩定度與一定的機械強度，並且能承受電極活性物質的氧化還原反應而不變質；（2）必須為多孔性，提供離子在正極與負極之間傳遞時的離子通道；（3）具有易潤濕

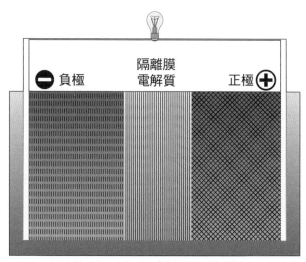

以一般傳統電池為例，電池的主要構造包含了五個部分——正極（陰極）、負極（陽極）、電解質、隔離膜與外殼。（葉敏華繪製）

的功能，並且對離子移動的阻力要小，以減少電池的內阻；（4）為電絕緣體，阻止正負極的接觸防止短路；（5）提供安全機制，電池短路時能截斷離子通路，阻止電池反應。

（五）電池外殼：為電池的容器，在現有的電池中，除了鋅錳電池是鋅電極兼作外殼外，其他各種電池均不用活性物質作容器，而是根據情況選擇合適的材料作外殼。一般電池的外殼除了需要有良好的機械強度外，耐震動、耐溫度變化與耐腐蝕也是非常重要的。

一次電池與二次電池

電池的種類依其能否再行充電以重複使用的特性，可分為一次電池（Primary battery）和二次電池（Secondary battery）兩大類。一次電池是當電池內兩極的活性物質因放電程序而消耗殆盡時，即完全失去作用而予以廢棄，常用的乾電池或鹼性電池等屬於一次電池；雖然部分一次電池也可以勉強再次使用，但是由於有安全性的疑慮，因此不建議將一次電池再次充電使用。

而二次電池的特性是當活性反應物質經放電程序變為生成物質後，可以藉由充電器提供反向電流，強迫電化學反應逆行，以重新產生活性反應物質，因而電池便回復到可放電的狀態，此類電池如

常用的鉛酸電池、鎳鎘電池、鎳氫電池與鋰離子電池等。一次電池的優點在於它成本較低、儲存壽命長、能量密度高及不太需要維護工作。二次電池的最大優點則是其本身可藉充電而不斷重複使用，因此在近年來環保與資源節約的要求下，二次電池即蓬勃發展。

可充式電池的開發

隨著人類生活品質的提升，人們對攜帶式電子產品的需求也越來越大，因此也導致對於小型二次電池的需求日增，由於有大量商業化電子產品的需求，使二次電池的發展日趨重要。然而隨著科技的進步，近年來各種電子產品的組合更強調「輕、薄、短、小」的概念，因此利用高性能二次電池，作為電子產品的電源是絕對必然的趨勢。

一般所謂的「高性能二次電池」意指，相對於其他的傳統二次電池，如鉛酸電池與鎳鎘電池等，在一定的體積或重量下，能放出更多的能量，而且所使用的化學材料也不會造成環境污染。符合此類高性能電池的要求，以鋰離子二次電池最受青睞。因此在現今 3C 產品應用上，鋰離子二次電池已占有一席之地。

小型二次電池特性的比較

種　類	鉛酸電池 Lead-acid	鎳鎘電池 Ni-Cd	鎳氫電池 Ni-MH	鋰聚合物電池 Li-Ion
體積能量密度	100	200	300	390
重量能量密度	40	67	80	200
電壓（伏特）	2.0	1.2	1.2	3.7
自放電率（％／月）	25	25	< 20	8
最 大 電 流（安培）	20C	5C	10C	10C
循環壽命	> 300	> 500	> 500	> 500
記憶效應	無	有	有	無
環境影響	鉛	鎘	無	無

體積能量密度（瓦一小時／公升）：在一定的體積下，電池所放出的能量。
重量能量密度（瓦一小時／公升）：在一定的重量下，電池放出的能量。
自放電（Self discharge）：電池在擱置或是沒有負載的情形時，因空氣中微量導電因子（如水＋二氧化碳）造成電池電力流失，稱為自放電。在某些應用情況下，電池須要在長期放置後，仍能提供電力，自放電率必須要特別的考量。
記憶效應（Memory effect）：假設電池總電量是100％，每次使用到60％就充電，時間一久，電容量逐漸減少，似乎退化成原來的60％，就好像電池在記憶使用者習慣一樣，稱為記憶效應。

鋰離子電池原理

　　鋰離子二次電池主要是由鋰鈷氧化物（正極）與石墨（負極）所組成的。在組成電池時的初期電壓為 0，在充電的過程將 $LiCoO_2$ 的 Li^+ 輸送至負極，當電壓提高到 4.2 伏特時，停止充電。在放電時經由外部的導線連接，鋰離子在電解液中由負極流回正極。電壓降至 3.0 伏特後，經由電路控制而停止放電。接著重複前述的過程，完

成電池的充放電循環。

　　鋰離電池在充放電時的反應有：

$$正　極：LiCoO_2 \underset{放電}{\overset{充電}{\rightleftharpoons}} Li_{1-x}CoO_2 + xLi^+ + xe^-$$

$$負　極：6C + xLi^+ + xe^- \underset{放電}{\overset{充電}{\rightleftharpoons}} Li_xC_6$$

$$全反應：LiCoO_2 + 6C \underset{放電}{\overset{充電}{\rightleftharpoons}} Li_{1-x}CoO_2 + Li_xC_6$$

　　由於鋰金屬的活性太高，1980 年代研究人員基於安全性的考量，使用鋰嵌入式化合物取代鋰金屬，組成搖椅式電池系統（rocking chair battery system），稱為搖椅式電池是因為鋰離子由正極搖到負極，又由負極搖回正極，故稱此類電池為搖椅式，也因為搖椅式電池，二次鋰電池才又引起熱烈的研究風潮。此類電池最大的優點在於不使用鋰金屬，所以安全上較無顧慮，但仍無法商業化。

　　直到 1990 年，Sony 的研究人員發表鋰離子二次電池（lithium ions batteries）的文章後，才又掀起研究熱潮。鋰離子二次電池最大的特色，在於採用碳電極取

一般市售手機用鋰高分子電池。

代鋰金屬為負極材料，因此必須充電活化產生碳化鋰（Li_xC_6）後才能放電，此時的電壓高達 4.2 伏特，而平均電壓則為 3.7 伏特，是鎳鎘電池與鎳氫電池的三倍，亦即當鋰離子完全嵌入碳時，其電位和鋰相較只差幾個毫伏特。

　　由熱力學觀點來看，碳化鋰的活性和鋰金屬非常相近，但是碳化鋰熔點（$>$ 700℃）遠比鋰金屬（180℃）高。另外，鋰離子二次電池的碳電極並不像鋰金屬電極，會隨著循環次數增加，和電解液接觸的表面積會愈來愈大，因此可承受 1C 以上的充電電流。與 LiAl、$LiWO_2$、$LiMoO_2$ 及 $LiTiS_2$ 等嵌入式材料相比，LiC_6 除了擁有良好的循環性能外，能量密度、鋰離子擴散速率與比電容量也很高（LiC_6 的理論比電容高達 372 毫安培小時／克）。

　　鋰離子二次電池的正極最常見到的材料是 $LiCoO_2$，早在 1958 年 $LiCoO2$ 便合成出來，但直到 1980 年，英國谷登拿（John B. Goodenough）教授組成 Li/Li_xCoO_2 電池系統，才開啟了有機電解液高電壓電池的序幕。1954 年，另一種正極材料 $LiNiO2$ 被成功開發出來，當時的加拿大 Moli Energy 公司研究人員，也組成 $LiNiO_2$/carbon 的鋰離子二次電池系統，在研究中指出，$LiNiO_2$ /carbon 鋰離子二次電池具有相當高的可逆性，即使經過三百次的充放電，仍有相當的電容量。

　　但是由於 $LiNiO_2$ 的安全性欠佳，至今尚未有公司使用 $LiNiO_2$ 作

為鋰離子電池的正極材料出售。但因為 $LiNiO_2$ 在 4.2 伏特時具有高電容量，因此還是有不少研究人員，想辦法增加 $LiNiO_2$ 的穩定性。另一方面，由於 $LiCoO_2$ 為層間結構（layered structure），理論電容量雖為 273 毫安培小時／克，但其可逆鋰離子的克當量最多卻只有 0.5，而且鈷的價格相當高，所以美國 Bellcore 公司便發展出以 $LiMn_2O_4$ 與 $Li_2Mn_2O_4$ 為正極材料的鋰離子二次電池。

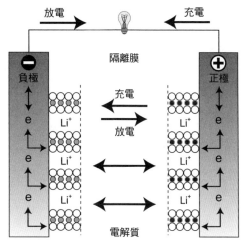

鋰離子電池在充電時，電子經由充電器進入負極的活性材料中；同時，正極的鋰離子也會離開正極，經由電解液，通過隔離膜而進入負極。在放電時，電子則是經由外部電路進入正極，鋰離子則通過隔離膜而進入正極。（葉敏華繪製）

鋰二次電池材料

負極材料（碳極）

碳是自然界最充沛的元素之一，碳材種類有數百種，但其中可供嵌入式負極材料的碳只有數十種，大致可分為非結晶碳（amorphous carbon）及石墨（graphite）兩類。

鋰離子嵌入／去嵌入碳的主體與碳的本身結構有關。研究人員

發現，鋰離子在焦碳的擴散係數大約為 $10^{-8}cm^2s^{-1}$，而在石墨層間的擴散係數為 $10^{-11}cm^2s^{-1}$，由此推測鋰離子嵌入／去嵌入碳極的化學反應受到擴散的動力機制所限制。此外碳化鋰主要是透過充電程序而產生，由正極材料提供鋰離子而嵌入碳的層間結構中，理想的鋰離子嵌入與去嵌入碳極的反應式為：

$$xLi^+ + xe^- + C_n \longrightarrow Li_xC_n$$

但鋰離子第一次經電化學反應嵌入碳極時，部分鋰離子會產生不可逆的消耗，因此可供循環的鋰離子量減少，造成隨後電容量的損失，其中 x 的範圍為 $0 < x < 1$，視碳材種類而定。

一般認為，鋰離子進入石墨，形成碳化鋰 LiC_n 的化合物的過

三種鋰離子二次電池正極材料特性比較

種　類	$LiCoO_2$	$LiNiO_2$	$LiMn_2O_4$
結　構	層狀	層狀	尖晶石（spinel）
理論電容量（毫安培小時／克）	273	295	154
實際電容量（毫安培小時／克）	140	170～210	100～120
平均電壓（伏特）	3.7	3.6	3.8
成　本（台幣／公斤）	2400	1680	1200
熱穩定性	可	差	佳
安全性	可	差	佳

程，大致可分為四個階段：第一階段為 $n = 6$，第二階段為 $n = 12$ 或 18，第三階段為 $n = 27$，第四階段為 $n = 36$。

實際上鋰嵌入碳中是從第四階段開始，即一開始鋰較少時，由三十六個碳包圍一個鋰，最後是六個碳包圍一個鋰。對於石墨化程度較低的碳材而言，則不一定觀察得到上述四個階段。理想的 n 值為 6，換言之，鋰在碳材中最大密度為一個鋰對六個碳原子，此時每公克的碳理論上可儲存並放出 372 毫安培小時／克的電容量，這也是碳材電容量的最大值。若採電化學的方法將鋰嵌入碳，當碳的數量到達 6 以後，鋰即無法再進入碳，而直接以金屬鋰的形式沈積在碳材表面。而沈積在碳材表面的鋰金屬因本身的高反應性，容易形成樹枝狀結晶構造，結晶持續累積後，可能會刺穿隔離膜，造成電池內部短路，導致電池失效或更嚴重地會引起爆炸，不僅影響電池壽命，更大大降低使用的安全性。

最近研究人員積極在作一些較高容量負極材料的研究。有不少材料都是可能的候選人，容量也都很高，部分材料矽（Si），甚至大於 1000 毫安培／克，且經過循環測試後，容量也不太會減少，理論上將是很好的負極材料。只是由於第一次的可逆電容量太少，研究人員至今還要再克服此一問題。

正極材料

LiCoO$_2$ 與 LiNiO$_2$ 均為層狀結構，其中氧原子為立方最密堆積（cubic closest packing，簡稱 C.C.P.），而 LiMn$_2$O$_4$ 則為尖晶石（spinel）結構。這些材料的層間位置提供了鋰離子進出的路徑。碳和此類正極材料搭配成鋰離子二次電池時，電池是處於完全放完電的狀態，因此當電池在正式使用之前，必須先經過一個充電步驟，以便將正極材料中的鋰經由電化學反應嵌入碳極之中。LiCoO$_2$、LiNiO$_2$ 及 LiMn$_2$O$_4$ 正極材料的嵌入／去嵌入反應可表示如下：

$$LiCoO_2 \underset{\text{嵌入}}{\overset{\text{去嵌入}}{\rightleftharpoons}} Li_{1-x}CoO_2 + xLi+ + xe^-$$

$$LiNiO_2 \underset{\text{嵌入}}{\overset{\text{去嵌入}}{\rightleftharpoons}} Li_{1-x}NiO_2 + xLi+ + xe^-$$

$$LiMnO_4 \underset{\text{嵌入}}{\overset{\text{去嵌入}}{\rightleftharpoons}} Li_{1-x}Mn_2O_4 + xLi+ + xe^-$$

今日絕大多數的鋰電池正極材料都採用 LiCoO$_2$ 系統，當可供循環的鋰離子當量超過 0.5 時，也就是 x > 0.5，LiCoO$_2$ 的層狀結構會造成坍塌，讓電池可逆性變差。研究人員發現，4.2 伏特即是 LiCoO$_2$ 的可逆性電壓。

當然，研究人員也不斷地開發新的正極材料，如 LiFePO$_4$、LiVPO$_4$ 等。

不同有機溶劑的物理性質

溶劑	沸點（℃）	熔點（℃）	黏度（cp）	密度（g／cm³）	介電常數（25℃）
碳酸乙烯酯 ethylene carbonate	248	40	1.85（40℃）	1.32（39℃）	89.7（40℃）
碳酸丙烯酯 propylene carbonate	241	-49	2.53	1.19	64.4
二甲基氧化硫 dimethylsulfoxide	189	18.55	1.99	1.1	46.45
環丁碸 sulfolane	287	28.86	10.284（30℃）	1.2619（39℃）	43.26（30℃）
γ-丁酸內酯 γ-butyrolactone	202	-43	1.75	1.13	39.1
二甲基甲醯胺 dimethyl formamide	158	-61	0.8	0.94	36.71
硝基甲烷 nitromethane	101.2	-28.6	0.69	1.13	35.94
碳酸二甲酯 dimethyl carbonate	89～91	3～5	0.01	1.07	5.02
碳酸二乙酯 diethyl carbonate	126	-43	0.748	0.97	2.82
二甲基砒咯酮 N-methyl-2pyrrolidinone	202	-24	1.66	1.027	32

電解液

在鋰離子電池的性能和儲存壽命上，電解液扮演了重要的角色。電解液一般可分為三類，分別為有機電解液、無機電解液及高分子電解質，適用於鋰離子二次電池的電解液應具備以下特徵：

（一）良好的導電度。

（二）黏度低，使離子有高的移動率（mobility）。

（三）電化學的穩定度。

（四）溫度的穩定度。

　　鋰離子二次電池常採用液態有機電解液，為有機溶劑與鋰鹽所組成，若需符合上述所需性質，有機溶劑與鹽類的選擇必須針對一些準則加以考慮。

　　單一成分的有機溶劑無法兼具以上的特點，因此電解液通常採用數種有機溶劑混合方式。如碳酸丙烯酯（propylene carbonate, PC）溶劑具有高沸點及高介電常數的優點，有助於鋰鹽解離，但比例過高易導致碳極分解；碳酸乙烯酯（ethylene carbonate, EC）溶劑具有高沸點及高介電常數的優點，但黏度卻很高，並且在常溫下為固體；而另一方面，碳酸二乙酯（diethyl carbonate, DEC）或碳酸二甲酯（dimethyl carbonate, DMC）則具有高潤溼性及低黏度的優點，但缺點為低沸點與低介電常數，因此，若將這四種有機溶劑混合，則可得到性能不錯的電解液系統。

電池特性

　　一般在市面上，各式手機電池的標籤上，多會標示電池容量為1000mAh（1000毫安培小時），意即在電流為1000毫安培（1安培）

的情況下，這個電池可連續使用一小時。然而，在電池性能測試時可以這麼做，但實際用電時，電流不盡相同，一般消費者也很難判斷電池的容量。但至少對相同的手機而言，電池容量越高，表示使用的時間越久。不同手機有不同的設計，用電模式也不盡相同，若要客觀評斷手機電池的容量大小，基本上是以電容量為主，而不是以用電時間來判斷。

至於循環壽命，因為鋰電池屬於可充電式二次電池，因此使用的次數必須能被檢視，一般而言，好的鋰離子電池最少在以其宣稱的電容量的電流充電與放電，經過五百次後，容量要能達到原來的70%以上。

電池另一項較重要的特性，就是放電能力。基本上，對於不同的產品應用，如 MP3、數位相機、藍芽耳機、電動車與電動工具等，電池放電能力的需求也不同。針對不同的產品，電池廠要能設計出不同放電能力與不同用途的電池。

結論

在充電電池中，鋰離子電池不論在電能密度溫度特性上，或者電池壽命與充放電特徵等，都比鎳氫電池、鉛酸電池與鎳鎘電池為佳。另外，因為鋰離子電池可以做得比以前薄，因此未來將有更大

的應用空間，如個人數位助理（PDAs）、筆型電腦（Pen com-puter）、新型的隨身聽系統、信用卡系統與智慧型卡系統（Smart card）等。其他電子應用與商業產品也在逐漸開發中。其中還有許多待開發的領域，從正極材料、負極材料、隔離膜到電解液，都值得各國學界與產業界投入研發。科技的創新與產業的建立並非一蹴可幾。以往國內科技業常從國外引進生產技術，但缺乏研發的根本，唯有將研發的根本栽在國內的業界與學界，產業才能永續開發。期望大家共同努力，使電池產業在國內生根茁壯。

（2005 年 2 月號）

燃料電池
——潔淨永續的氫能時代

◎──詹世弘

美國柏克萊加州大學機械工程博士，任職元智大學校長

近代人類科技文明的進步雖然帶動經濟的大幅成長，但在大量地生產、消費及丟棄後，大自然環境的復原能力已無法負荷，造成公害污染、資源銳減，甚至危及人類世代的永續發展；其中最為世人擔憂的，當屬石油能源的日益枯竭，以及全球暖化溫室效應等問題。

世紀能源的新希望

　　各國在人口增加與追求工業化之下，導致全球最倚重的化石能源面臨缺乏的危機，依據 BP Statistical Review of World Energy 統計，以現今石油消耗的速度，地球上的石油儲量最多能再用四十～五十年，屆時世界將會陷入難以估計的經濟恐慌。此外，燃燒化石燃料

除了排放有毒廢氣外，所釋放的二氧化碳也會因導致全球溫室效應，而造成天氣異相與災害。未來在能源的使用上，如何減少二氧化碳等溫室氣體的排放，已成為一項艱鉅的課題。

因此，乾淨的新能源及相關技術的開發迫在眉睫，也成為各國積極研究發展的目標。所謂的新能源，包含太陽能、風能、水力發電、潮差發電、生質能與氫能等。在這之中，氫能可以算是最理想的新能源，因為氫能可直接燃燒產生熱能，再轉換成電能，又可用於燃料電池中，與氧氣經由電化學反應直接產生電能；而且燃料電池是經由電化學直接轉換成電能，少了很多在轉換過程中的損耗，因此效率最高，約有40～60%的發電效率，比起一般內燃機30～40%的效率高許多，加上燃料電池反應屬於放熱反應，若配合汽電共生等技術，燃料電池的整體效率甚至可達到80%以上。

燃料電池反應的主要副產物為水和熱，或是少量的二氧化碳，兼具高效率與低污染的特性，使得燃料電池在諸多能源替代技術選擇中脫穎而出，成為未來新能源最閃亮的科技焦點。

燃料電池源起

燃料電池並非近代才有的產物，早在 1839 年英國物理學家 William Grove 爵士，在一次的實驗中，發現水電解的逆反應會產生電力

的可能性，但當時產生的電能相當小，僅能使電流計指針稍微偏轉，因此沒有受到重視。1889 年 Ludwig Mond 及 Charles Langer 以工業煤氣和空氣為反應物，試圖發展出燃料電池的雛形，並首次將其命名為「Fuel Cell」，但後來由於內燃機問世與石油大量開採，燃料電池的發展因而停滯。

　　直到1950年代後期美俄太空競賽，美國航太總署（NASA）為了

燃料電池

燃料電池原理示意圖。在此以質子交換膜燃料電池為例，（1）從陽極端與陰極端分別輸入氫氣和氧氣（或空氣），氫氣與氧氣經由流道到達氣體擴散層，再分別從兩極的氣體擴散層，進入陽極觸媒層與陰極觸媒層，（2）氫分子經觸媒作用，氧化成氫離子與釋出電子，（3）電子因電位差，經由外電路作功後輸送到陰極觸媒層；（4）氫離子則受到電滲透力的驅策，以 1 個氫離子伴隨幾個水分子的形式，通過質子交換膜到達陰極觸媒層。氫離子、電子與氧氣，在觸媒白金的催化之下，進行反應而產生水。在總反應的過程中，產生水、電力和熱。理論（葉敏華繪製）的可逆電壓為 1.234 伏特。

尋找一種高單位功率的發電機，因此積極發展燃料電池科技。在太空計畫的催生下，1960 年代雙子星號於太空任務中，燃料電池扮演主要電力來源；又由於燃料電池的副產物為純水，也恰好提供太空人在外太空的飲水。在能源危機之後，全球各國便積極地尋找新替代能源，燃料電池因此再次受到矚目。

1980 年代，美國 Los Alamos 國家實驗室運用電極觸媒理論，設計最佳化膜電極組（Membrane Electrode Assembly, MEA），在白金觸媒減量技術上有了新突破，即使白金用量減低至 1/10 以下，還能保持超高功率密度運作，使得質子交換膜燃料電池低成本潛能大幅增加。

在 1990 年代，加拿大的巴拉德動力系統公司（Ballard Power System）及工業界組織，在電池堆（Fuel Cell Stack）的技術上加以研究改進，使得燃料電池功率密度大幅提升，幾乎能與傳統內燃機相抗衡。過去十年間，燃料電池的功率密度已提升超過十倍，也相對地降低材料成本。巴拉德除了在溫哥華試行多年燃料電池公車外，也積極與世界各大汽車廠合作，以投入中小型汽車市場。此時，世界各國的主要汽車製造商無不全力開發此一技術，包括戴姆勒克萊斯勒（Daimler-Chrysler）、福特（Ford）、通用（GM）、豐田（Toyota）、本田（Honda）和日產（Nissan）等汽車公司，都宣布其燃

料電池汽車將於 2003～2005 年量產上市；甚至韓國與中國大陸也將大量投入資金於燃料電池汽車的研發。

電解質與燃料多元化

簡單來說，燃料電池是一種能源直接轉換裝置，運作原理可解釋為水電解的逆反應，水電解反應是電解質將水電解後，在陰極產生氧，在陽極產生氫氣；其逆反應則是氫氣在陽極被觸媒分解成氫離子與電子，電解質將氫離子送到陰極，與氧分子和經外部電路傳送的電子共同反應，生成水和熱。燃料電池的反應過程不需經過燃燒，直接將化學能轉換成電能，也不像核能和火力發電等，要經過許多轉換程序才能發電，只排放無污染的水和熱。

在將近半世紀的發展中，燃料電池出現多種形式，依照電解質的不同，可加以區分為鹼性燃料電池（Alkaline Fuel Cell, AFC）、磷酸燃料電池（Phosphoric Acid Fuel Cell, PAFC）、熔融碳酸鹽燃料電池（Molten Carbonate Fuel Cell, MCFC）、固態氧化物燃料電池（Solid Oxide Fuel Cell, SOFC）與質子交換膜燃料電池（Proton Exchange Membrane Fuel Cell, PEMFC）；若依燃料分類，則有氫氧燃料電池（hydrogen oxygen fuel cell）、直接甲醇燃料電池（Direct Methanol Fuel Cell, DMFC）、聯氨燃料電池與鋅空氣燃料電池等。此外，也依

操作溫度的高低，而區分為高溫型（＞ 300℃）、中溫型（150～300 ℃）及低溫型（＜ 150℃）的燃料電池。以下針對一些燃料電池的特性作簡單說明。

鹼性燃料電池（AFC）

鹼性燃料電池因太空計畫而名噪一時，其電解質具 OH⁻ 離子傳導性，在 80℃低溫下操作，啟動快速、效率高且功率密度大。因操作溫度低，電極需塗敷鎳系及銀系等觸媒，不需使用貴重的白金。因為鹼性與二氧化碳反應會生成碳酸鹽，造成電解質阻抗增大，導致電池性能劣化，因此鹼液燃料電池不使用空氣為氧化劑。此型燃料電池發展雖早，但僅限使用純氫及純氧為原料，用於太空梭及潛水艇等特殊場所。

磷酸燃料電池（PAFC）

磷酸燃料電池有第一代燃料電池之稱，現階段裝置容量從數KW至 11000KW 不等。磷酸燃料電池利用碳化矽粉末製成母材，以吸附高濃度磷酸當電解質使用，操作溫度約在 200℃左右，為了提高電極反應度，須以白金做為觸媒，因此以塗有均勻白金的碳紙作為電極，而這些昂貴的碳系材料，就是磷酸燃料電池費用居高不下的主因，因此在電池汰換時，可將白金回收，以降低製造的成本。磷酸電池排熱的溫度介於 60～190℃，可回收供空調或製造熱水使用。要

注意的是，由於一氧化碳會導致中毒，因此燃料中所含的一氧化碳濃度必須嚴加控制。

熔融碳酸鹽燃料電池（MCFC）

熔融碳酸鹽燃料電池以鹼金屬（鋰、鉀、鈉）碳酸鹽為電解質，因為鹼金屬碳酸鹽只有在熔融狀態時，才能發揮離子傳導的功能，所以操作溫度須在熔點以上，介於 $600\sim700°C$ 之間，屬於高溫型的燃料電池。在操作溫度下，陰極的二氧化碳與氧氣發生反應，形成 CO_3^{-2} 離子，CO_3^{-2} 經電解質移動至陽極與氫氣反應，生成二氧化碳及水蒸汽。二氧化碳經陽極回收後，可再循環至陰極使用。由於熔融碳酸鹽燃料電池電極反應容易，不需以昂貴的金屬做為觸媒，使用鎳及氧化鎳即可。在燃料使用方面，除了氫氣之外，一氧化碳含量高的燃料也可使用，所以適合與煤炭氣化技術結合。熔融碳酸鹽燃料電池的優點為：電池性能良好、活化極性小、總熱效率高與廢熱溫度超過 $500°C$，適合後發電循環（Bottoming Cycle）或工業製程加熱等用途。

固態氧化物燃料電池（SOFC）

固態氧化物燃料電池號稱第三代燃料電池，電解質為固態、無孔隙的金屬氧化物，藉由氧離子在晶體中穿梭來傳送離子，通常以安定的氧化鋯為電解質。由於操作溫度高達 $900\sim1000°C$，電池本體

材料侷限於陶瓷或金屬氧化物。優點與熔融碳酸鹽燃料電池相似，包括不需以貴金屬為觸媒、廢熱品質高、可以氫及一氧化碳為燃料與電池性能良好；主要的缺點在於操作溫度過高，材料選擇受到限制。

質子交換膜燃料電池（PEMFC）

質子交換膜燃料電池是以陽離子交換膜為電解質，曾在雙子星衛星任務中擔綱。1970 年代，杜邦（DuPont）公司成功開發出氟樹脂系離子交換膜 Nafion，因其具有優越的化學安定性，可減少電解液稀釋及霧化等問題，故一直採用至今。它的基本原件是兩個電極夾著一層高分子薄膜的電解質，電解質需要水維持溼度，使其成為離子的導體。兩極除碳粉外也包含白金粉末，白金是最佳催化劑，得以降低電化學反應的溫度。雖然燃料使用、材料及製造成本較高，這也是燃料電池車輛運輸工具及小型家用發電系統的瓶頸，但因為低溫操作與高功效密度特性，在穩定的進步發展之下，內燃機引擎技術遲早將被質子交換膜燃料電池科技所取代。

直接甲醇燃料電池（DMFC）

直接甲醇燃料電池為質子交換膜燃料電池系列的延伸，由於質子交換膜燃料電池必須加裝重組器，才能使用甲醇或是汽油作為電池的燃料，造成整組發電系統過於複雜且體積無法縮小。因此，直接利用甲醇為燃料的直接甲醇燃料電池便因而產生。不過，現階段

的直接甲醇燃料電池尚有一些困難待解決，研發重點在於降低甲醇分子穿透電解薄膜的開發與研究，以及提高電源密度等。

元智大學研發現況

　　元智大學分別於八十九年度及九十一年度，承接經濟部能源局與技術處的兩項計畫。在計畫執行期間，完成多項關鍵技術，如質子膜材製作技術、膜電極組備製、創新流道設計、實驗型單電池和電池組設計等，同時發表十餘篇論文於國外期刊與申請多項技術專利，並進行業界合作技術移轉。以下為讀者簡介元智大學多項燃料電池雛型。

質子交換膜燃料電池

　　從 2000 年至今，在燃料電池的研究領域中，元智大學研發成果以質子交換膜燃料電池為主，承接經濟部能源局的五年計畫，建立薄膜、電極、MEA、單電池模擬、實驗等相關研發技術。以單電池為例，採用自製的 PTFE-Nafion 薄膜（～20μm）、膜電極組與極觸媒，置於自行設計的單電池中。

元智大學設計開發的PEMFC石墨雙極板。
（作者提供）

直接甲醇燃料電池

　　2004 年，元智大學發表國內第一部手機用「直接甲醇燃料電池充電器」，目前充一次電基本燃料損耗約 0.5～1 角，成本與污染不高，燃料填充方式也較容易，只需滴入 20 毫升左右的甲醇，即可完成充電；同時攜帶方便，即使到國外或偏遠地區，只需要多帶幾片燃料匣，燃料也可在便利商店買到。

　　目前燃料電池充電器製造成本約台幣五千元，未來如果量產後，則成本可壓低至五百元左右。目前，元智大學正在申請燃料電池關鍵零組件技術開發和專利申請，並與祥業科技與 BenQ 合作開發研究。

固態氧化物燃料電池

　　固態氧化物燃料電池已達成熟穩定階段，但僅有少數材料可於高溫下長期運轉且價格昂貴，因此美國能源部於數年前，要求產官學界朝中溫（600～800℃）固態氧化物燃料電池的相關技術開發，以落實低成本發電目標。國內研發部分，目前有元智大學與核研所投入中溫型固態氧化物燃料電池系統的開發。

　　元智大學目前研究分為：

（一）以不鏽鋼作為連接極完成單電池技術的建立，研究含鎘不等的不鏽鋼材為雙極板材料時，電池性能及長時間操作下氧化與衰退情形。

（二）利用不對稱的三層基板創新結構電池堆設計，於陽極連接極與膜電極組中，加入陶瓷分流骨架（frame）設計，以迫使燃料經主流道至此處時得以分流往陽極行進，達到燃料均勻分布至每個

元智大學自製的 PEMFC 單電池之一。（作者提供）

元智大學自製DMFC燃料電池教具。（作者提供）

元智大學自製 DMFC 充電電池充電座。（作者提供）

元智大學自製 SOFC 單電池。（作者提供）

電池。

（三）利用創新Cu-SDC材料取代Ni-YSZ，以改善陽極於中溫環境的性能與壽命。

（四）探究氧氣於 LSF 與 LSM 的還原機制，並藉由修飾其中的材料元素、比例與電極結構，以提升陰極反應特性。

再生型燃料電池

地球上最好的替代能源是水與太陽能，利用太陽能將水電解，所得高純度氫燃料為最環保的燃料來源。將水電解與燃料電池串聯的系統稱為再生型燃料電池（Regenerative Fuel Cell, RFC），若進一步將二者合一稱 URFC（Unitized Regenerative Fuel Cell），為燃料電池技術中最前瞻先進者。此技術為美國 NASA 探索航空載具（Exploration Aerial Vehicles, EVA）任務中，所欲倚重的動力來源，具有燃料純度高、系統簡化與體積重量材料減半的優點。

於此技術中，水電解效

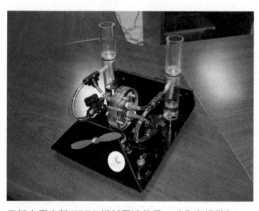

元智大學自製 URFC 燃料電池教具。（作者提供）

率與燃料電池性能的優劣決定於氧氣電極中的觸媒組成，僅需低耗能即可將水電解成氧與氫，又兼具高效率地將氧氫轉化為電能的雙重角色。目前該技術承襲傳統燃料電池與水電解的電極，採用白金與氧化銥（IrO）而構成的複合材料 2Pt/IrO$_2$，因材料昂貴使得整體造價不斐。元智大學現階段正初步實驗，開發出兼具價廉與高效率的觸媒。

結語

　　解決人類能源環保問題，建立永續生活環境，燃料電池科技能將人類的文明從污染、有限的石化能源，帶入潔淨、永續的氫能時代。燃料電池是個高效率節能的環保產品，可應用於運輸工具、分散發電系統與電子產品的攜帶式電源等；預期至 2010 年燃料電池應用產值，將超過一百億美元。

　　元智大學結合政府與民間資源，結盟國際著名燃料電池學術研究單位，短期內建立國際聲譽的燃料電池研發重鎮之一，為臺灣燃料電池產業提供充裕上游人力技術資源。本校燃料電池中心將結合創新性與前瞻性，由燃料電池的原料、關鍵組件、零配件的製造與維修，為臺灣創造新興產業，促使部分傳統產業轉型為綠色科技產業，並建立核心技術實驗室，開發燃料電池的前瞻技術，領導臺灣

燃料電池產業的生根發展。最終目的以產業服務導向，建立燃料電池產業資訊中心與技術育成中心，藉由計畫執行，建立可移轉產業界的技術，以期能將燃料電池科技推展為我國明日的明星產業。

（2005 年 2 月號）

廢電池回收與處理

◎—楊奉儒、莊鉦賢、張良榕

皆任職工研院能環所

隨著科技進步，人們生活水準提高，使用電力的現代化隨身用品越來越多。電池因為具備可靠性高及使用簡易等多項優點，成為目前市場上主要的可攜性能源。日常生活中，諸如行動電話、PDA、隨身聽、數位相機、筆記型電腦、電動工具和玩具等，皆需要使用大量的電池作為電力的來源，因此電池是現代人不可或缺的必需品之一。

電池的應用固然使生活更加方便也更有效率，然因此產生的廢電池數量也不斷地增加。根據行政院環保署的數據資料顯示，現今臺灣地區每年所用掉的乾電池超過九千公噸，若以常用的三號乾電池推算，相當於五‧五億顆，使用量相當驚人。廢棄乾電池內所含的重金屬會對環境產生危害，特別是汞、鎘等物質，若不妥善處理，將會滲透土壤、污染地下水、危害人體健康，而且這樣的威脅將持續下去。

電池的種類

依照電池本身的充放電特性與工作性質，可分為一次電池（primary cell）與二次電池（secondary battery）。所謂的一次電池，是指電池本身無法透過充電的方式再補充已被轉化掉的化學能，僅能使用一次；二次電池則為可被重複使用的電池，透過充電的過程，使得電池內的活性物質再度回復到原來的狀態，再度提供電力。

一次電池的應用最早也最為廣泛，市面上販售的不可充電電池幾乎皆屬此類，常見的有鋅錳電池、鹼性電池、水銀（汞）電池和氧化銀電池等。其中，鋅錳乾電池又稱為碳鋅電池，在 25℃時可提供 1.5 伏特左右的電壓值，是發展很早的電池。因為具備價格便宜、製造容易等優勢，所以鋅錳乾電池仍然是產量最高、用途最廣的一次電池；然受限於功率過小以及放電過程中電壓不穩等問題，並不適用於高耗電的產品。鹼性電池使用鹼性物質（例如氫氧化鉀）作為電解質，其標準電壓略高於 1.5 伏特，在較大電流時仍可維持可用電壓，且壽命較長，廣泛應用於耗電量較大的產品。

大多數電池的電壓和電流會隨著電流的釋放而逐漸下降、減小，這樣的情形在電池壽命末期特別明顯。水銀（汞）電池是二次大戰期間所發展出來的電池，在電流釋出過程仍可保有穩定的性

能，但因為汞的劇毒會造成環境永久污染，已有減少使用的趨勢。水銀電池通常製成鈕扣型，用於計算機、照相機等。

氧化銀電池具有高穩定的特質，雖然價格略微昂貴，但由於內含物質對環境的污染較汞來得小，已經逐漸取代水銀電池的應用。

鋰電池的出現

近年來，因為 3C 科技用品對於可充式與大電流的需求增加，二次電池的使用量逐漸提升。這類電池包括鎳鎘電池、鎳氫電池、鋰電池等。

鎳鎘電池的工作電壓為 1.2 伏特，在小型二次電池發展史中占有相當重要的地位；然記憶效應與鎘污染的問題是其嚴重致命傷。記憶效應起因於負極未完全放電而造成電極結晶，導致儲電量降低。

其後，重量能量密度為鎳鎘電池的二倍、幾乎沒有記憶效應的鎳氫電池問世，對於產品輕量化的發展有很大的貢獻，但鎳氫電池的風采很快就被後來發展出來的鋰電池所掩蓋。

鋰電池可分成鋰離子電池與鋰高分子電池兩種，工作電壓為鎳氫電池的三倍（3.6～3.7 伏特），具有更高的體積與重量能量密度，符合攜帶式電子產品對電池輕量及高能量密度的需求，因此近年來發展非常迅速。

廢電池危害環境與人類

電池的組成物質被密封在電池內部，原則上並不會對環境造成影響。但在使用或存放過程中，因為內部與外界環境所造成的腐蝕與損害，使得電池內部的重金屬等物質洩漏出來。這些物質一旦進入土壤或水源後，就會透過各種途徑進入生態環境中。

廢電池所含重金屬在進入人體後，會長期累積難以排除，逐漸損壞人體功能。例如：鎘容易引起腎功能失調，並且間接造成骨質疏鬆、骨質疼痛等症狀，日本著名的痛痛病（Itai-itai disease）即為最具代表性的例子；鉛會危害人體的血液系統、神經系統、腎臟系統、消化系統及循環系統，對幼兒的影響輕者阻礙兒童智商的發展，重者造成鉛腦症；而汞將導致腦部、腎臟、肺部及胎兒的傷害，也會產生四肢不自主抖動及個性改變等症狀。

廢電池進入環境後造成的污染，以及對人體產生的病變危害，已經成為目前社會最關注的環保問題之一。為了保護環境免於污染，避免健康遭受危害，廢電池有必要予以回收；且廢電池中所含的金屬又是有價資源，因此對廢電池進行回收處理，並資源化成為再生原料使用，就顯得非常重要。

基本資源化：乾式、濕式處理法

目前，廢電池的基本資源化方法，大約可分成乾式回收法和濕式回收法兩種，以下就兩種方法的處理模式加以說明。

（一）**乾式回收法**：乾式回收法又稱為火法，主要是利用廢電池內各組成物的揮發度或沸點不同，在特定溫度下分別取出不同成分的方式。

例如，對廢鋅錳／鹼性電池進行初步分類、篩選並加以破碎後，將廢電池碎片放入爐中，先於 400℃ 下焙燒，再將排出氣體冷凝後取出汞，之後持續將焙燒剩餘物加溫至 800℃ 以上取得鎘，依序可再回收鋅成分，殘留物則有錳和鐵。直接投入冶鍊爐也是乾式法的一種。

（二）**濕式回收法**：這種方法是在電池分類、破碎後，將廢電池碎片置於槽中，以無機酸進行廢電池的浸漬溶解，依照各物質溶解度的不同加以分離。溶於酸的成分可以沉澱、電析等方式，再度從液中提取各種金屬成分。

事實上，回收後的廢電池通常各類型的一次與二次電池混雜在一起，很難單獨使用乾式回收法或濕式回收法就完成資源化的步驟。例如，鋰電池內的鋰／鈷成分就比較不適合採用乾式法回收，

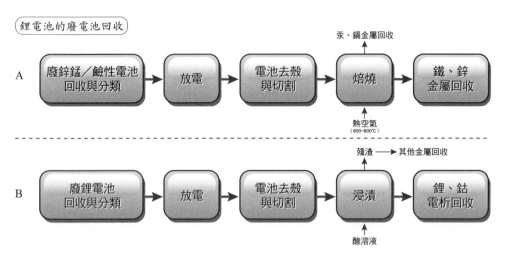

鋰電池的廢電池回收

A 廢鋅錳／鹼性電池回收與分類 → 放電 → 電池去殼與切割 → 焙燒 → 鐵、鋅金屬回收

汞、鎘金屬回收

熱空氣
（600~800℃）

B 廢鋰電池回收與分類 → 放電 → 電池去殼與切割 → 浸漬 → 鋰、鈷電析回收

殘渣 → 其他金屬回收

酸溶液

（A）廢鋅錳／鹼性電池的乾式回收法：

　　廢棄乾電池（鋅錳／鹼性電池）電池回收後，進行切割與破碎的步驟，所得電池碎片以高溫處理（約600～800℃）。利用沸點的差異，可先回收汞、鎘，最後再回收鐵、鋅等金屬。

（B）廢鋰電池的濕式回收法：

　　廢棄的鋰電池經過放電、去殼與切割程序後，碎片進入浸漬裝置，以酸性溶液溶解鋰、鈷金屬，溶解液再以電析純化，可得鋰／鈷金屬化合物。浸漬過程中所得殘渣，可再以其他方式回收他種金屬。

加上含有活性成分，處理過程中容易燃燒，因此，商業化的回收程序通常是併用多種模式來進行。

廢電池的資源化處理

　　以目前市面上產銷量最多的鋅錳與鹼性電池而言，其外形大都為圓筒形，圓筒平底的部分即為電池負極，筒內中央的碳棒為電池

正極，內含的電解液成分為二氧化錳、氯化銨、氯化鋅或氫氧化鉀（鹼錳電池）。這類電池含有少量的汞，因此可以先將廢棄乾電池進行破碎，再將電池碎片經由加熱處理去除其中的汞，再以分選方式篩出電池碎片當中的鐵皮、鋅殼、二氧化錳及殘留物。

回收的鋅殼可置於冶鍊爐中加熱熔化，過程中去除上層的浮渣，倒出冷卻待凝固後即得鋅錠。回收的二氧化錳可經由水洗、過濾、乾燥步驟，去除少許有機物之後，即得黑色二氧化錳。二氧化錳經過還原焙燒，與碳酸氫銨（NH_4HCO_3）作用產生碳酸錳（$MnCO_3$），也稱錳白。碳酸錳廣泛用於脫硫的催化劑、瓷釉顏料、錳鹽原料，也用於肥料、醫藥、機械零件和磷化處理。

至於廢鎳鎘電池的資源化處理，可將電池破碎後先以無機酸（硫酸或鹽酸）溶解，再將溶解在酸中的鎘金屬離子，經由化學沉澱法產生碳酸鎘沉澱，經焙燒分解為氧化鎘，可以作為相關原料使

從消費者端回收後的廢電池，必須再分成鈕扣型、鎳氫電池、鎳鎘電池、鋰電池、碳氫電池＋鹼性電池等五類，才能送至歐美處理。（作者提供）

用。回收過程中所生產的硫酸鎳，可作為供應金屬鎳電鍍，陶瓷染色及鎳系觸媒製造等重要工業用途。

二次鋰電池主要成分除了鋰元素外，還包括其他元素如鈷、鎳、錳，以及鈷／鎳／錳三元素的化合物，做為電池主體的材料。其中鈷因為價格高較而受到矚目，因此才需要將逐漸增多的廢鋰電池，透過資源化程序，如放電、破碎、浸漬及電析……等方法，回收其中的鋰、鈷等有價成分。回收的鋰鈷氧化物可再作為電池正極材料，氧化鈷的部分則可成為電池正極導電粉、釉藥、陶瓷刀等相關用途原料。

污染性電池應淘汰使用

電池為人類的生活帶來方便及效率，然而廢電池所造成的環境問題也接踵而來。雖然可透過資源化程序將污染降低，甚至回收有價物質，但畢竟只能算是亡羊補牢的管末處理，污染性的電池還是該逐漸淘汰，並加強回收管理。在可遇見的未來，電池與人類的生活將會更為密切，相信電池科技在日新月異的快速發展下，將會開創出高電力特性且更具環境友善性的新產品。

（2006 年 10 月號）

附文：

臺灣的廢電池回收管制台灣的廢電池回收管制

　　目前臺灣的廢電池處理是由環保署廢棄物管理處（簡稱廢管處）負責，廢管處下編制有回收基金管理委員會。環保署在 1990 年公告回收含水銀廢電池，1998 年公告回收含鎳鎘廢電池，1999 年 11 月起更全面回收各類廢乾電池。

　　根據過去環保署抽查的經驗，部分從大陸進口的低價乾電池，含汞量高達 4240ppm，較標準 5ppm 高出 800 倍之多。這些來路不明、劣質的電池伴隨著其他商品進口，含汞量時常過高、具污染性，不僅影響消費者權益，也對人體健康產生危害。2006 年 9 月 1 日起，環保署分三階段實施「含汞乾電池禁限用政策」，限制含汞量超過 5ppm 的錳鋅電池，以及非鈕扣型鹼錳電池等一次電池在台製造、輸入與販賣，產品內附贈的指定電池也一併納入管制。

廢電池回收隨身做廢電池回收隨身做

　　儘管環保署頒布且執行了回收廢電池的相關法令，但臺灣地區每年的廢電池回收率還是很低。根據 2006 年環保署統計，過去兩年廢棄乾電池只回收了 1364 與 2177 公噸，相較我們使用的 9000

噸乾電池，回收率僅達 17.75%和 21.89%，在在顯示民眾在廢電池回收的觀念與實行工作仍待加強。

　　目前主要的廢電池回收管道有各縣市的環保局回收車與相關行業販賣點，包括批發或零售式量販店、超級市場、連鎖式便利商店、連鎖式經營清潔及化妝品零售處、交通場站便利商店、無線通信器材零售店等。以目前便利商店林立的狀況，回收電池只是舉手之勞，只要我們隨身帶著用完的電池，遇到設有電池回收筒的便利商店，就可以自行投入。

光色鏡片
——室內室外一次搞定

◎—李國興、儲三陽

在豔陽天出門，你可能要先把普通眼鏡換下，再戴上太陽眼鏡，以免眼睛直視到陽光；回到室內，又得換上原來的一般眼鏡，麻煩得很！但其實你可以選擇另外一種鏡片：光色鏡片（photochromic lens）。走到陽光下，鏡片會自動轉為深色，發揮太陽眼鏡的功能；日落或進入室內後，鏡片又會恢復透明，成為普通眼鏡。豔陽下，強光會引發光色鏡片的變色化學反應；光線變弱之後，又會進行逆反應，恢復原本的透明度。這種鏡片的奇妙之處在於，變化能如此不斷地循環，而效能不會降低。

無機鹵化銀遇光產生黑色顆粒

最早的光色鏡片在 1970 年左右就已經問世。一般來說，光色鏡

片的透明度在室內是足夠的，但在紫外光的暴露下則會變暗。鏡片玻璃內分散著一系列的無機光敏感成分，例如鹵化銀的物質（鹵素是氟、氯、溴和碘等成分），這和底片的成分相同，其中的化學反應也極度類似。

不同的是，底片一旦曝光後顯影變暗，只能使用一次；而光色玻璃內的反應是可逆的，回到室內弱光的環境下，鏡片仍可以恢復原先的狀態，準備下一次的循環作用。

玻璃是種非結晶的物質，這表示它缺乏一種明確的晶體結構，其中包含矽石（來自於砂子）和不同的添加物。氧原子包圍著矽原子，形成局部如粽子般的四面體構造，各粽子頂端相接，共用相同的氧原子（圖一右）。

矽石在高溫下是一種很好的「溶劑」，舉例來說，有色玻璃就是將金屬離子溶於其中，如鈷（藍色）、鉻（綠色）和鎳（黃色）玻璃等。這很像糖溶在水中，加入的量隨著溫度而改變，而鹵化銀在玻璃的熔點下的溶解度，較常溫來得高。因此，一旦光色玻璃被冷卻後，鹵化銀結晶就會從「溶液」中沉澱出來，如同糖的結晶會在熱飽和糖水冷卻後出現一般；如果控制得當，鹵化銀結晶會小到不會吸收可見光，因此是透明的，但仍會吸收紫外光。

所以當含有氯化銀（$AgCl$）的玻璃呈現透明時，晶體並不會阻

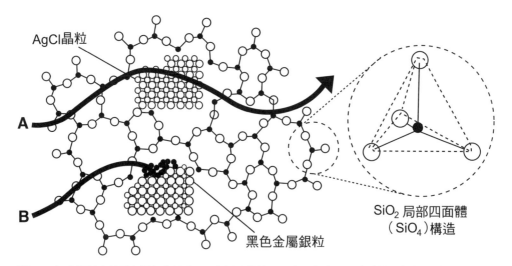

圖一：（A）可見光波可穿透氯化銀（AgCl）透明的離子晶體；（B）可見光波被黑色金屬銀粒所吸收。

擋可見光，但它仍會吸收短波長的紫外光，而紫外光的能量游離出氯原子和銀原子：

$$Ag^+ + Cl^- + 光 \longrightarrow Ag^0 + Cl^0 .... （1）$$

為了防止逆反應立即發生，晶體中會加入一些亞銅離子，與游離出的氯原子反應：

$$Cu^+ + Cl^0 \longrightarrow Cu^{2+} + Cl^- .... （2）$$

因此阻斷了氯化銀的回頭路。

這時候，銀原子會移往氯化銀晶體的表面，然後聚集成小的膠狀銀金屬晶體。這種金屬晶體內的一些電子是可以流動的，不像離子化合物氯化銀的電子是固定的。流動電子會吸收可見光，呈現黑色，這也就像膠卷感光後產生銀粒的變化，使得鏡片變暗了（圖一）。

當光色玻璃進入室內，銅離子慢慢地移往晶體表面，並接受銀原子上的一個電子：

$$Cu^{2+} + Ag^0 \longrightarrow Cu^+ + Ag^+ \dots\dots\dots\dots\dots\dots\dots\dots\dots\dots\dots (3)$$

此時，銀離子伴隨（2）式所產生的氯離子，重新加入氯化銀晶體，使得暗色慢慢褪去。這個變化可以在沒有紫外線的情況下進行。

光線在通過光色玻璃和一般玻璃中的變暗和恢復的過程很有趣，例如康寧（Corning）光色鏡片在室內的透光率為 85%，意指 85%的光線會穿過玻璃，15%的光被反射或是吸收。此鏡片暴露在陽光下數分鐘，鏡片逐漸變暗，只剩下 22%的光可以穿透；當回到室內五分鐘後，透光率會逐漸恢復到 63%，鏡片因此慢慢變亮（圖二）。

這些光色鏡片主要的問題在於：暴露在光線下，鏡片較厚的方顏色會比較深，較薄的地方會比較淺，這種透光不均勻的現象在厚

鏡片中特別明顯。下述的有機
光色分子鏡片可以解決這問
題，因為它是直接將光色物質
層敷蓋在透明鏡片上。

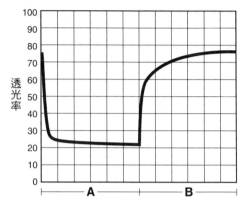

圖二：康寧色光鏡片的透光率變化情形。（Ａ）由室
內走出室外一小時之間，透光率由 85% 驟減為
22%；（Ｂ）由室外回到室內一小時內，透光率緩
慢提升，最後會回到 85%。

有機光色分子見光旋轉異構化

　　隨著塑膠鏡片的出現，由
於它較玻璃來得輕且又安全，
因此科學家將光色物質塗在鏡
片上方或散布於鏡片內。很多
光色鏡片可能會混合不同的光色染料，來達到想要的效果，這對於
設計者是一種挑戰：他們必須能調和暗色形成的動力學與消退的循
環，使得配戴者看到單一的顏色。早期的鏡片在照光變暗時的效果
很好，但在暗色消退的過程中，某種光色染料的顏色會特別明顯。

　　一種單一染料色的光色鏡片也被研發出來，不像傳統光色鏡片
的染料色，在曝光時只有一個可見光的吸收峰，這種鏡片可以同時
有兩個可見光的吸收峰，所以效果就會更類似於傳統的灰色或棕色
的太陽眼鏡。

　　目前，科學家已經開發出兩種類型的有機分子：螺萘嗯啉（spiro-naphthoxazines）和萘哌喃（naphthopyrans）。這兩類分子在結構上有兩個垂直的部分（圖三），當紫外光照在分子上，使其垂直構造轉換為平面構造的異構物；後者吸收可見光及紫外線的效率更高。

　　當分子被紫外光照射，有兩種變化會同時發生：一是化學變化，分子內會發生共軛的現象；另一種則是結構的變化，即π軌域的重疊。也就是說，原先分別在兩垂直面上活動的 π 電子，異構化後會在大片的分子平面上活動。這項反應是可逆的，當光源移除之後，分子回到原先較為穩定的無色狀態，只會吸收紫外線。異構物

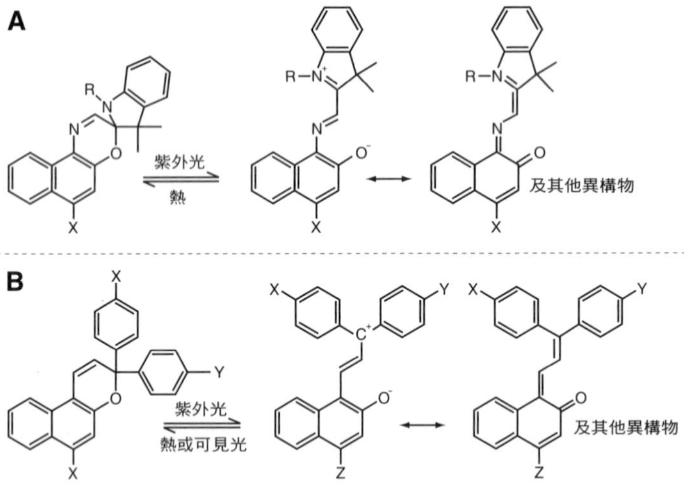

圖三：兩類遇到紫外光會旋轉異構化，無光時則恢復原狀的分子；（A）螺萘噁啉（spiro-naphthoxa-zines）；（B）萘哌喃（naphthopyrans）。

在加熱的環境下，更容易發生逆反應，如此一來，熱和光就會互相競爭。因此在光線充足的高溫環境，鏡片顏色會顯得比較淺。

發展這類染料色最大的挑戰在於，確定活化和恢復反應的動力學必須符合使用者的要求。活化的時間通常遠較消退時間短，平均而言，消退時間約是活化時間的二～三倍（圖二），視特殊的分子而定。光色鏡片看似簡單，但必須適當掌控光色反應動力學、顏色強度和使用分子的基質間等各項因素。

本文所提到的兩種光色鏡片，特色在於顏色變化是可逆的。其中，早期的光色鏡片是利用無機化合物鹵化銀，見光會生成黑色銀粒（類似照相膠捲），以產生太陽眼鏡功能，但它又藉由銅的催化〔（2）及（3）式〕，可以在室內進行逆反應，復原鹵化銀反應物，以備下一次的使用。

而第二種有機光色分子，見光旋轉而發生異構化，這就相似於眼睛中網膜背後的視紫紅素（rhodopsin）的感光反應。前者異構化後，無色分子會呈現顏色以產生濾光效果，而後者由有色變無色，但可產生一個視覺訊號。

除了應用在鏡片上，光色技術甚至可擴展到鏡片外的其他應用，例如讓小孩身上穿的衣服變色，也是一個有趣的點子；甚至更實際地，還能應用在保全措施上。光色反應的扭轉分子能分別與紫

外光和可見光發生反應，因此，在同一分子中能觀察到兩種不同顏色的變化，一種在紫外光下，另一種是在特定波長的可見光下。這種多重反應所增強的安全性不容易被複製，因為它包含了複雜的化學，是個有發展潛力的市場，可以應用在身分證、製藥的包裝和產品標籤等。

　　另外，不同光條件下產生扭轉的光色分子，也可做為微電流的開關，在電子工業上的應用也深具潛力。

（2007 年 6 月號）

光觸媒的原理與應用發展

◎──吳紀聖

任教國立臺灣大學化學工程學系

傳統的觸媒是以熱能升溫的方式，驅動催化反應的進行，光觸媒則是利用光能驅動反應的進行，如能利用取之不盡的太陽光能，顯然就更貼近「綠色地球」的目標。光觸媒的材料有許多種類，基本上屬於半導體，包括二氧化鈦（TiO_2）、CdS、WO_3、Fe_2O_3等無機化合物，但許多是具有毒性或在反應時材料性質不穩定，因此能實際應用的很有限。二氧化鈦具有高度之化學穩定性，無毒性且與人體相容等優點，是目前最常用的光觸媒，也最具商業上的應用價值。

　　大約在 1970 年代早期開始，日本研究發現二氧化鈦光觸媒的光催化特性後，就有許多學者投入研發工作。根據研究顯示，二氧化鈦光觸媒在紫外光照射下，具有極強之氧化還原能力及表面的特殊親水和親油性，尤其近年來，相關的光觸媒商業產品不斷地開發出來，有些已開始進入我們日常的生活中，例如抗菌自潔瓷磚，冷氣機

內的紫外光空氣濾清器等，預期將來將有更多的光觸媒商品出現。

光觸媒的原理

　　二氧化鈦屬於 n 型半導體（圖一），其光催化基本原理是經光子照射後，二氧化鈦吸收光子的能量，電子會從其基態被激發至較高能階，將共價帶的一個電子提升到傳導帶，結果產生一對自由電子-電洞對，此時電子擁有較高之能量，極不穩定，可以供給週遭需要電子的介質；原共價帶因電子跳脫而有空缺，稱之為電洞（帶有正

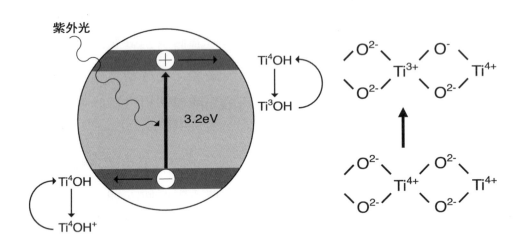

圖一：二氧化鈦經紫外光照射後，電子從共價帶躍升至傳導帶，產生電子──電洞對（e⁻ h⁺），鈦從+4 價降為+3 價，周邊一個氧從−2 價升為−1 價。

電荷 h^+），也極不穩定，需求週遭介質任何電子之補充。由於二氧化鈦的能隙帶大約是 3.2eV，因此必須是紫外光（UV）的能量（波長<380nm）才能激發。就原子結構而言，＋4價的鈦形成＋3價，週圍有一個氧由－2 價形成－1 價。產生的電子—電洞對，可以分別移轉至二氧化鈦表面進行催化反應，電子可以進行還原反應，電洞則進行氧化反應。

$$TiO_2 + hv \longrightarrow e^- + h^+ \quad\text{.................................}（1）$$

$$陽極：2H_2O + 4h+ \longrightarrow 4H^+ + O_2 \quad\text{.................}（2）$$

$$H_2O + h^+ \longrightarrow \cdot OH + H^+ \quad\text{............................}（3）$$

$$陰極：O_2 + 2e^- + 2H^+ \longrightarrow H_2O_2 \quad\text{.................}（4）$$

$$O_2 + e^- \longrightarrow O_2{}^- \quad\text{......................................}（5）$$

$$TiO_2 + 2hv \longrightarrow 2e^- + 2h^+ \quad\text{........................}（6）$$

$$H_2O + 2h^+ \longrightarrow 1/2O_2 + 2H^+ \quad\text{...................}（7）$$

$$2H+ + 2e^- \longrightarrow H_2 \quad\text{...................................}（8）$$

$$H_2O + 2hv \longrightarrow \frac{1}{2}O_2 + H_2 \quad\text{.......................}（9）$$

　　每一顆二氧化鈦粒子可視為一個小型化學電池，表面由許多陽極和陰極活性基組成，可將電子或電洞傳遞給吸附在表面的分子或

離子，進行還原或氧化反應。如果在水溶液中，如式 1～5 所示，在紫外光照射後產生電子-電洞對。陽極傳遞電洞可以產生氧分子或 OH 自由基，具強氧化能力（式 2、3）。陰極傳遞電子，在氧存在時生成雙氧水或超氧分子（O_2^-），也具有很強的氧化能力（式 4、5）。

　　二氧化鈦產生的強氧化能力，可用於分解具毒性的有機物質，進而將環境中污染物去除淨化；它除了氧化分解有毒物質的能力外，許多研究結果指出可用於分解水分子，其光催化反應可以將水分解成氫分子和氧分子。下列化學式簡單地表示還原及氧化反應。

　　淨反應為：

　　當光源來自太陽時，此反應代表將太陽能轉化成氫能源，利用光能即能驅動反應的進行，比起傳統的觸媒需消耗石化能源藉以燃燒升溫、驅動催化反應的進行，更具清淨能源的目標。近年來倍受重視，如能提高效率，進行商業運轉，將是再生能源利用的重大進展。

　　二氧化鈦晶體結構有三種：銳鈦礦、金紅石和板鈦礦。其中銳鈦礦晶相與板鈦礦晶相為在低溫時可穩定存在的結構，而金紅石晶相為在高溫時穩定存在的結構，兩者的相轉移溫度約在 600℃。銳鈦礦晶相與金紅石晶相均為正立方晶系的結構（圖二），其晶相皆是以六氧化鈦（TiO_6）的八面體結構存在，不同的是在銳鈦礦晶相，

不論 a、b、c 軸方向，其八面體間的鍵結均是以邊緣相接的方式鍵結（圖二 A）。而在金紅石晶相中，則是在 a、b 軸以角的相接，在 c 軸方向以邊緣相接的方式鍵結（圖二 B）。銳鈦礦晶相的密度為 3.89g/cm³，能隙為 3.2eV；金紅石晶相的密度為 4.25g/cm³，能隙為 3.0eV。

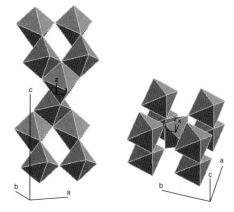

圖二：（A）銳鈦礦晶相，八面體間以邊緣相接的方式鍵結；（B）金紅石晶相，八面體間以邊緣和角相接的方式鍵結。

親油水雙性

　　光誘導現象是二氧化鈦的獨特性質，前述光催化現象也可歸類是一個光誘導現象。另一個光誘導現象是近年來被發現，而且也引起很多學者深入研究，就是牽涉到水的高度可濕性，稱為二氧化鈦的超親水性。兩種光誘導現象的機制有些不同，但皆屬二氧化鈦本質上的特性，可以同時存在於二氧化鈦的表面上，並且藉由控制二氧化鈦的組成比例和製備過程，可以使二氧化鈦表面表現多些光催化性而少些超親水性，或反之亦可。

　　二氧化鈦的薄膜經過紫外光照射，激發出電子—電洞對，如前

所述，電子會還原二氧化鈦中的 4 價鈦（Ti^{4+}）成為 3 價鈦（Ti^{3+}），而電洞會氧化-1 價態的氧離子（O^-），當再結合四個電洞，會形成氧分子脫離，結果在二氧化鈦薄膜結構上形成氧空缺。當薄膜表面有水吸附時，例如來自空氣中的水氣，水分子中的氧原子會填補氧的空缺，進而產生 OH 基，薄膜表面 OH 基的增加，便是增進表面的親水性的主因。

親水性表面的特性，使二氧化鈦有許多應用價值。通常親水性的強弱是用水滴在表面的接觸角來定量，接觸角越小，代表親水性越強。在紫外光照射後，二氧化鈦表面水滴的接觸角會逐漸趨近於零度，因而會使原本凝聚的水滴攤開形成薄膜。例如二氧化鈦的表面原本是非親水性，霧氣的水滴遮住表面的字，在紫外光照射後，水滴無法聚成一滴而攤開，使字清晰可見（圖三），可成為一種永久性防霧玻璃。

最近令人驚訝的發現是，二氧化鈦經紫外光照射後，表面不但會親水也會親油（有機溶劑），呈現親油水雙性（圖四）。一顆水滴在表面的接觸角會趨近零度（圖四 A），稱為親水性表面；另一方面，一顆油滴在表面的接觸角也會趨近零度（圖四 B），稱為親油性表面。經研究觀察，二氧化鈦的表面之所以具有雙重的親油和親水性，是在表面上會形成像西洋棋盤式的區塊，每一區塊大小約為

100nm 的長方形，親油和親水的區塊交錯排列（圖五）。親水的區塊如上所述是氧空缺的位置，吸附水分子而形成，而親油的區塊，則是原本未照射前，就是非親水性（即親油性）區塊所組成。

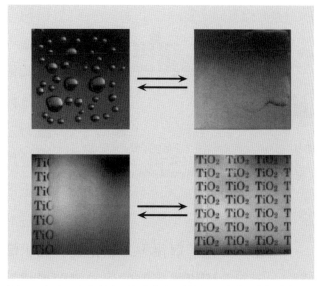

圖三：（A）二氧化鈦表面在紫外光照射前，原本非親水性（或稱為親油性）；（B）經紫外光照射後，變成親水性表面，水滴會形成薄膜；（C）二氧化鈦鍍膜的玻璃表面，在紫外光照射前，霧氣的微粒水滴會遮住表面的字；（D）經紫外光照射後，使表面的霧氣微粒水滴攤開成水膜，使表面的字清晰可見。（Wang et al, Nature, vol. 388，作者提供）

二氧化鈦催化活性的改良

　　二氧化鈦原本在工業界是大宗的白色塗料或填充劑的主要成分，例如 Degussa 的二氧化鈦粉末（商品名 P-25），就是常用的大宗原料。純二氧化鈦對可見光完全不吸收，所以呈現白色，但對紫外光（波長< 380nm）有很強的吸收能力，可以當作阻擋紫外光的材料，例如市面上可見的抗紫外線的防曬化妝品，百葉窗的塗料等。

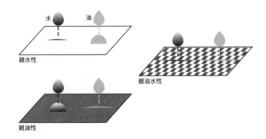

圖四：二氧化鈦表面經紫外光照射後，會呈現親油水
雙性。（A）親水性；（B）親油性；（C）親油水
雙性。（Wang et al, Advanced Materials, vol 10
（2），陳思穎繪製）

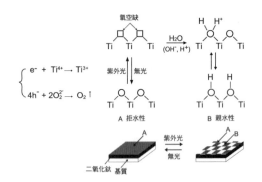

圖五：紫外光照射二氧化鈦表面，形成氧空缺，部分
表面水分子吸附，形成親油和親水的交錯區塊。
（Wang et al, Advanced Materials, 10（2），陳思穎
繪製）

但純二氧化鈦在光催化活性效率並不高，近年的研究指出，將週期表內的過渡金屬摻入二氧化鈦，可以有效提升光催化能力。

為何過渡金屬可以有效提升光催化能力呢？因為過渡金屬提供捕捉電子或電洞的基位，降低電子和電洞再結合的機率。紫外光照產生的電子-電洞對相當不穩定，大部分都會再結合，以熱能的方式釋放出能量（圖六）。若摻入銅或鉑等金屬於二氧化鈦光觸媒進行改質，此類金屬可提供電子陷阱，能有效降低電洞電子對之再結合速率。因為觸媒表面光催化反應效率，部分是取決於相對光量子效率，如果電子和電洞再結合的機率高，則會降低光觸媒催化效果。另一方面，在表面的銅或鉑金屬是催化活性基，也可增進

電子傳遞給反應物的效能。所以降低電子和電洞再結合的機率，以及加速電子和電洞的轉移至表面反應物的速率，均可提高觸媒的光量子效率、增進總反應速率和量子產率。

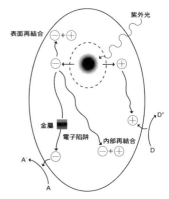

圖六：摻入金屬在二氧化鈦內，可以降低電子—電洞的再結合機率，提升光催化效率的示意圖。

二氧化鈦光觸媒的應用技術

　　二氧化鈦在光催化的應用技術方面，根據其特性，大致可分類為（一）光誘導超親水性的自潔性；（二）光催化分解有毒物；（三）光催化消毒殺菌；（四）光催化癌症治療等四大類。目前在日本及國內已有部分商用產品上市。

　　第一類是表面自潔性的應用，利用二氧化鈦的超親水性，可進行表面自潔過程。將覆有二氧化鈦薄膜的基材照射紫外光後，水在表面上的接觸角近乎零度，二氧化鈦薄膜產生極佳的親水性，所以可以藉由浸泡水或以直接沖水的方式，簡單地將油污沖洗掉。

　　主要可應用於日常生活中的傢俱表面、建築物的玻璃窗、車窗或車用照後鏡上，當傢俱沾染油污後，不需使用清潔劑，只要沖水就可以乾淨如新；而當窗戶沾黏灰塵，只要經過雨水的沖刷就變清

潔了。另一種是進行污染物光分解的自潔反應機制，油污附著於二氧化鈦薄膜上，經過紫外光照射，將使油污自行氧化分解清除。

第二和三類是運用在空氣的清淨和水的淨化，利用二氧化鈦光觸媒在經紫外光照射後，具有強氧化分解的能力，使有機物與污染物分解清除，達到空氣或水的淨化。可以廣泛應用於被污染的場所，如冷氣機的光觸媒濾網照射紫外光，將室內空氣清淨化。此外，飲用水或魚缸水槽等也可應用同樣的原理，氧化分解水中的污染物。

第四類是在醫學方面的新應用，基本上也是利用二氧化鈦在紫外光照射後，表面具有強氧化分解的能力，將細菌分解，達到消毒的效果，研究結果顯示在紫外光照射的二氧化鈦表面，可以有效抑制大腸桿菌的數量。在醫院等具有生物感染性的場所，例如手術房的地板、牆壁和使用的物件表面，手術衣帽等，二氧化鈦可發揮消毒的功能。而在癌症的治療功效方面，藤的研究團隊，從 1980 年中期開始研究二氧化鈦用於殺死癌細胞的動物實驗，發現只須注射少量的二氧化鈦膠劑於癌細胞週圍，經由光纖導入紫外光照射，就可以選擇性抑制癌細胞腫瘤的成長。

未來的發展

（一）可見光觸媒

二氧化鈦為光觸媒中，光能使用效率良好的材料之一，在紫外線的照射下，對於許多反應均有良好的催化效果，特別是對於水污染或空氣污染潔淨。但二氧化鈦的缺點在於只有對紫外光具有很好的吸收性質，而對於到達地表的太陽光，其中所含 95%以上的可見光卻沒有吸收利用的能力。因此開發出具有可見光吸收能力的光觸媒，將可發揮光觸媒最大的效益。具可見光吸收能力的光觸媒，可以經由二氧化鈦的製備技術改良，也可能用其他的材料製得，目前已有實驗研究顯示成功，用於有機毒物的分解和水分解。但尚未具實用價值，有待研究學者的努力。

（二）光反應器的設計建造

截自目前為止，二氧化鈦光觸媒的應用均在一般生活用途而已，例如自潔抗菌的瓷磚和塗料，水的淨化處理等等。尚未有以光催化反應來生產化學產品，其中關鍵除了人工光源昂貴，太陽光能密度過低及無法全天候供應外，就是缺少一個有效率的光反應器，

可以進行大量的化學品反應。1990 年代中期，已開始有光纖光反應器的設計研究的報導，其概念在於能將光能均勻地分散至光觸媒表面，減少光能量的浪費，同時又達成在單位反應器體積內，提高光觸媒表面積，提高反應器的效率。

（2003 年 8 月號）

省電新光源

◎—林快樂

科普作家

人類努力尋求照明，古今中外均是如此，畢竟，白天的太陽光真的太有限了。從初期只能向月亮、螢火蟲……等借光，在稍具科學知識後就分析光和探尋光源，近來則是創造光。

古代晉朝車胤在夜間以發光的螢火蟲當光源念書，因為螢火蟲尾巴有發光器，其發光細胞中含蟲螢光素和螢光鹽，蟲螢光素產生光能，螢光鹽為催化劑。螢火蟲吸進大量氧氣，其氧化反應讓腹下發出光亮來，但因螢火蟲的呼吸節律而形成時明時暗，如閃爍的小星星。螢光蟲轉換能量的效率高（超過 90%，其他成為熱），因此螢火蟲光為「冷光」。

牛頓（1642～1727）發現，光譜不為稜鏡分光時即為單色光，將紅、綠、藍三種色光以不同的比例混合，可成為各種色光。紅、綠、藍即為三原色，各色光自有其波長，例如紅光在6300Å～7800Å。彩虹多色只是陽光「分家」，但已勾起文藝家諸多

遐想。

　　在無意中發現照明的有趣例子，是 1859 年德國物理學家倫琴發現未明的光源，因其本質仍神祕，就仿數學代表未知數方式，命名 X 光（當時中國清朝報刊稱之為「天曉得射線」）。另外，法國物理學家貝克勒爾聯想自然界的可見光和 X 光是否在同樣機制下產生？他曾製作出含螢光物質的燈，但易壞而不實用。

傳統光源

　　1879 年愛迪生試用碳燈絲，這是他經歷了近二千次耐熱材料和近千種植物纖維的實驗，才製造出的燈泡。他也發展出相關必須的配套，包括並聯電路、保險絲、絕緣物質等。燈絲碳雖有極高的熔點（3550℃），但昇華溫度低，使用壽命短，所以目前幾乎都是使用熔點更高（3410℃）的鎢絲。

　　其他類似白光的照明，包括鹵素燈。燈泡內包含溴或碘分子，在高溫下鹵元素和被蒸發至燈泡內表面的鎢形成分子，當這些分子碰到高溫的燈絲時，鎢會還原回燈絲，於是可使蒸發的燈絲再度還原，因此，鹵元素扮演著清道夫的角色。但是被還原的鎢並非很均勻的分布在燈絲上，而在某些位置匯聚形成小斑點，而終於導致燈絲燒斷。鹵素燈產生更接近陽光的頻譜，有更高的發光效率，但

是，鹵素有毒。

日光燈在 1935 年因螢光化學物質的研究而開始廣用。日光管兩端為電極，上有二或三圈的鎢絲，將電子放射物質塗佈在鎢絲上，管內有適量水銀並填充氬氣，同時在管的內壁塗上螢光物質。通電後，電流流過電極，鎢絲溫度上升，電子放射物質溫度也上升，釋放大量的熱電子，而在兩極間加壓，由負極流向正極，造成管內電流，在管內撞擊水銀原子，因而產生能量激發紫外線；再由紫外線照射玻璃管壁的螢光物質，由紫外線吸收可見光而發光。螢光物質種類的不同，可顯現出白色或其他光色；但是，水銀等物會污染環境。

和全光譜的太陽光比較，白熾燈偏紅光、紅外光特多；日光燈的藍光較多，有一些紫外光，但很少紅外光。在色溫（燈本身顏色）方面，白熾燈約 2800K，近於黃昏太陽光；日光燈約 6500K，約近陰天太陽光。在演色性（物質被燈照出的顏色和標準光下的顏色相似的程度，例如 90 表 90% 相近）方面，白熾燈約 100，因此在白熾燈下看東西的顏色和在太陽下看的大約相同。

發光二極體的顏色與添加物的關係

　　1960 年代發光二極體發展至今，因其高耐震性、壽命長，同時耗電量少、發熱度小的特性，所以普遍應用於日常生活中，如家電製品及各式儀器的指示燈或光源等。近年來，應用範圍更朝向戶外顯示器發展，如大型戶外顯示看板及交通號誌燈。由於紅藍綠是全彩的三原色，對於全彩色戶外顯示看板而言，高亮度藍色或綠色發光二極體更是不可或缺。下表為添加物和發出光色的關係：

添加的化合物	發出的色光
鋁砷化鎵（AlGaAs）	紅色及紅外線
磷砷化鎵（GaAsP）	紅色、橘紅色、黃色
磷化鎵（GaP）	紅色、黃色、綠色
磷化鋁銦鎵（AlGaInP）	高亮度橘紅色、橙色、黃色、綠色
鋁磷化鎵（AlGaP）	綠色
氮化鎵（GaN）	綠色、翠綠色、藍色
銦氮化鎵（InGaN）	近紫外線、藍綠色、藍色
碳化矽（SiC）（用作基板）	藍色
藍寶石（Al2O3）（用作基板）	藍色
鋅化晒（ZnSe）	藍色
鑽石（C）	紫外線
氮化鋁（AlN）	波長為遠至近的紫外線
矽（Si）（用作基板）	藍色（開發中）

革命性的白光光源

　　有人說，發光二極體（light-emitting diode, LED）是愛迪生發明電燈泡以來，最具革命性的光源。2004 年初，國科會在科技大樓大廳的照明全換成白光發光二極體，造成海內外一些轟動。去年我國計畫加速汰換交通指揮燈，全改為發光二極體。市面上已有不少發光二極體燈具販售，到底它是什麼呢？白光發光二極體由日本日亞化學公司發展，是屬於二波長混合光。其廢棄物合乎環保（無汞污染），因而被稱為「綠色照明光源」。

　　近年來，歐美和日本等國基於節約能源與環境保護的共識，皆決定選擇白光發光二極體作為二十一世紀照明的新光源。再加上目前許多國家的能源都仰賴進口，使得它在照明市場上的發展極具價值。根據專家的評估，日本若是將所有白熾燈以白光發光二極體取代，則每年可省下一到二座發電廠的發電量，間接減少的耗油量可達十億公升；而且在發電過程中，所排放出來的二氧化碳也會減少，進而抑制了溫室效應。

　　發光二極體的元件具兩個電極端子，通入很小的電流便可發光。使用鋁砷化鎵（AlGaAs）、磷化鋁銦鎵（AlGaInP）、銦氮化鎵（InGaN）等週期表三五（III-V）族化合物半導體，二極體內電子與

電洞結合釋出能量轉為光；發光現象屬於冷光。發光二極體元件壽命長可達十萬小時以上，比鎢絲燈泡僅一千小時的壽命或日光燈五千小時的壽命高出很多。發光二極體的耗電量小，不需要暖燈時間，產品反應速度又快，目前廣泛應用於汽車、通訊、消費性電子及工業儀表中，在手機上的應用更是目前新興的趨勢。另外，諸如體育場的全彩大型顯示幕，發光二極體儼然成為標準配備，平均約需二百萬顆發光二極體。

發光二極體通常是單色光源，其光色依半導體帶寬（bandgap）而定。最普遍的白光發光二極體「並不那麼白」，例如，來自氮化鎵藍光發光二極體加上黃色螢光質塗層，所發白光為寬頻譜帶一點點藍色調，和街角水銀燈光類似；也可使用紫外光發光二極體激發紅綠藍螢光質；這些激發螢光質程序和傳統的日光燈做法類似，但因為將藍光或紫外光轉化成白光的過程會有能量損失，且在激發螢光質過程中的散射和吸附也會失掉一些光能。另一做法是結合紅綠藍波長的發光二極體晶片組裝而成，可發白光，但有效均勻組合和調控色彩並不易，有時會因視角不同導致不同顏色；還有，不同色光的發光二極體損耗速率不同，就需要增加感應偵測與補償。

白光發光二極體的功能，和其中組成的半導體純度、螢光質晶體形狀、散熱等等，都有著密不可分的關係。製作氮化鎵的方法是

在超高的溫室情況下，氣態的鎵分子和氮分子分裂而在藍寶石基板上結晶成長（類似電腦晶片製作），數小時後即可得到多晶層，但各層的化性略有不同。此過程還算不完備，原子排列的微小差異可導致抵減效率區。美國桑迪亞（Sandia）國家實驗室改善效率的做法，是在藍寶石基板上蝕刻凹槽，形成一系列的薄薄藍寶石背脊突起，各約 1 微米（μm）寬，就像托樑般，氮化鎵就在藍寶石背脊上成長，向側面長在凹槽上。使用此方法可大大減少缺陷區，而讓亮度提升至原本的十倍。另外，通常部分藍光會在二極體晶體中回彈而消耗浪費掉，美國加州大學日裔科學家中村修二（Shuji Nakamura，圖一）在其中加入了鏡子般的奈米結構，約 50 奈米（nm）寬，放在一些晶體層中，如此可增加光輸出約五成。

　　美國奇異公司已經研發出新的螢光物質，可增加吸收能量至原本的一百倍，因此，其白光發光二極體已可達每瓦 30 流明

圖一：中村修二獲得今年的「千年技術獎」，1990 年時他開發出藍色高亮度發光二極體，配合早已研發出的紅色和綠色發光二極體，不但使色彩能在電子顯示設備充分展現，且元件使用壽命也大大延長，電力消耗更降低了90%。

（lumen，光通量單位），比通常日光燈的每瓦 13 流明改進很多；而且它可耐久到五萬小時，約為一般日光燈的六倍。發光二極體混光效果佳，其色溫和，演色性可調變；光指向性又強，適宜當投射用，且發光二極體並不是因為加熱而發光，故為冷光光源，沒有熱輻射。發光二極體光的亮度和視角成相反關係，越寬的視角就會導致越低的亮度。例如用在頭燈，20 度視角就相當適宜。

在當交通指揮燈的應用方面，雖然發光二極體起始成本較貴，但因更省電，或約在一年內可和燈泡平手，還不論人工和維修等費用呢。在室內設計方面，因為發光二極體的所有顏色強光均已單獨完成，使用者可自行調整組合的色光源，例如由紅綠藍組成的白光，可少減紅光和稍加藍光而調得更「冷光」感些。因為調整光波頻率即可改變光色，因此使用者方便自行調整光色。之前，白光發光二極體剛問世時曾裝在冰箱內，因設計者認為冷光很適合，但是消費者卻覺得魚肉蔬果食物看起來死氣沉沉，而排斥、拒絕白光發光二極體冰箱。

在醫學上，發光二極體的應用潛力也很大，例如因其冷光、可精確調控波長、寬束等特性，讓癌症專家研究腫瘤的光動力治療更方便：病患服用較易為腫瘤細胞吸收的對光敏感的藥，以適宜波長的光激盪時，這些化學藥物會破壞腫瘤細胞。海洋生物學家需要在

深海中照明以研究鯨魚等動物生態，深海中的水壓大，不適當的人工光源可能吸引或驅離動物，因而影響其實際活動情況。發光二極體這時就可派上用場，使用近紅外光，則攝影機能「看到」動物，但是動物「看不到」光。

廣大的照明市場

　　白光發光二極體不只是改變燈泡，更要改變照明典範（圖二）。中村修二等科學家期以發光二極體取代傳統照明，因為二極體晶粒的壽命是市售燈泡的百倍以上。預期未來發光二極體照明將取代日光燈，進而減少汞污染。在節能上，燈泡只用到耗電的 5%，日光燈則約 25%，至於二極體，理論上近乎 100%，目前白光二極體的效率已可達燈泡和日光燈之間。依照美國能源部的報告，在 2025 年前，二極體照明將省下一成的電力、一年一千億美元電費、五百億美元發電

圖二：2004 年 1 月，國科會科技大樓的一樓和九樓全面改用白光發光二極體作為照明光源，是全世界第一個應用白光發光二極體做大面積照明的實例。

場建造費，估計全球一年有約四百億的照明市場。

2003 年全球發光二極體產值四十五億元，臺灣則為八・九億元，僅次於日本。單在美國，照明的用電約占 1/4，若今天的白光發光二極體效率與像紅光二極體一樣好，則美國一年可減少約三億噸因發電而產生的二氧化碳量。但因發光二極體生產成本偏高、效率還不夠好，到目前為止，似乎除非能源費用高漲、全球暖化效應惡化，否則二極體還不易被推上最前線。

全力發展發光二極體

試觀半導體各個先進國家在白光發光二極體方面做的努力：在亞洲地區，日本有「二十一世紀光計畫」（1998～2002），約二十億臺幣；南韓有「次世代 LED 計畫」（2004～2008），約三十三億臺幣。美國規畫了「固態照明計畫」（2002～2011），一年約五千萬美元。

在臺灣，十家國內光電公司於 2003 年 12 月 19 日成立「白光發光二極體研發聯盟次世代照明整合性計畫」，結合紫外線發光二極體、高效率發光二極體、高功率發光二極體或螢光粉等相關元件技術。初期重點以開發紫外線發光二極體光源為主要方向，並結合紅、綠、藍三原色螢光粉和多晶粒、矩陣式的封裝方式。臺灣能在

世界占多大的一席之地呢？

　　再說日本的用心，最近日本推動四項優先科技──生命科學、資訊通信、環境科學、奈米科技與物質，其中後三者和白光發光二極體有關，又大力推動「二十一世紀照明計畫」。另外，哈隆亞克（Nick Holonyak, Jr.）是美國伊利諾大學電機與電腦工程、物理教授，他也是發明第一個實用紅色磷砷化鎵發光二極體的人，因其在半導體發光和雷射的開創性研究，而在 1995 年榮獲「日本獎」，可知日本早就已洞見發光二極體的潛力，難怪「頒賞重金」五千萬日圓給他了。

（2006 年 10 月號）

省電的白光發光二極體

◎—劉如熹

任教國立臺灣大學化學系

鑑於《科學月刊》第 477 期中成功大學林憲德教授闡述市售的白光發光二極體（lightemitting diode, LED）燈效率僅有 15～45 流明／瓦（lm/W），比省電燈泡與日光燈管的效率還要差，於相同亮度下，日光燈管比省電燈泡省三成電力，而省電燈泡也比 LED 燈省兩成電力。目前日光燈管不論於光效、演色性、價格、用途與使用壽命均優於 LED 燈，LED 燈想要取代日光燈的普及率還有一段很長的路要走。本文乃就 LED 燈的最新發展論述，將其與日光燈管跟省電燈泡相比，說明它實具最佳省電照明特性的潛力。

自西元 1810 年代，煤油燈的出現取代了人類社會長達二十二個世紀以蠟燭與油燈為主的照明方式後，便開啟了第一世代光源的時代。1879 年，愛迪生發明了白熱燈泡（incandescent lamp），又取代了煤油燈成為第二世代光源。1938 年，螢光（日光）燈管（fluorescent lamp）的發明，成為了第三世代光源。至 1996 年，日本日亞

（Nichia）公司發展白光發光二極體，正式宣告第四世代光源的來臨。有趣的是，從這些紀錄看來，約每隔一甲子的時間就會有一個新世代的光源被發明出來，或許再過五十年，又會有第五世代光源誕生。

發光原理

白光 LED 乃採用單一發光單元發出較短波長的光，再用螢光粉將光線轉化成一或多種其他顏色的光（波長較長的光），當所有的光混合後，看起來就像白光。這種光波波長轉化作用稱為螢光化，原理為短波長的光子（如藍光或紫外光）被螢光物質（如螢光粉）中的電子吸收後，這些電子因此被激發至較高能量。之後電子在返回原位時，一部分能量散失為熱能，一部分以光子形式放出，由於放出的光子能量比之前的小，所以波長就會變得較長。

1996 年，日亞公司開發了波長約 460nm 的藍光 LED 作為發光單元，激發摻雜鈰（Ce^{3+}）的釔—鋁—鎵石榴石（yttrium aluminum garnet, YAG）螢光粉。LED 發出的部分藍光便由這些螢光粉轉換為黃光，由於黃光能刺激人眼中的紅光和綠光受體，加上原有剩下的藍光刺激人眼中的藍光受體，混合起來看起來就像白色光。

發光效率

發光效能（luminous efficiency，單位為流明／瓦）為照明光源最重要的單位之一。白光 LED 的發光機制是將電能（單位為瓦）轉換為光能，其所發出的光能單位以流明表示，因此白光 LED 的效率，通常以「能」來表示電能與光能轉換效率的發光效能表示。

早期的 LED 工作功率，都是設定於 30～60 毫瓦電能以下，於 1999 年開始引入可於 1 瓦電力輸入下連續使用的商業品級 LED。這些 LED 都以特大的半導體晶片來處理高電能輸入問題，而半導體晶片均固定於散熱基座上。2002 年時，市場上開始有 5 瓦的 LED 出現，而其效率大約是每瓦 18～22 流明。2003 年 9 月，美國 LED 大廠科銳（Cree）公司展示其新款的藍光 LED，於 20 毫安下達到 35% 的照明效率。他們也製造能夠達到 65 流明／瓦的白光 LED 商品，此為當時市面上可看到最亮的白光 LED。

2005 年，科銳又展示了一款白光 LED 原型，於 350 毫安的工作環境下，創下效率為 70 流明／瓦的紀錄。日本日亞公司於 2009 年 2 月所發表的 LED，於 20 毫安情況下發光效率提高至 249 流明／瓦。不過在一般 LED 產業常用於 350 毫安電流情況下，發光效率反而降低到 145 流明／瓦。日亞公司表示，此種增加電流產生發光效率下

降，可能是製程方面有些問題。理論上白光 LED 的效率最高可達263流明／瓦，但如果採用新的螢光粉技術，日亞公司可將此極限進一步提高至 300 流明／瓦。

與日亞公司的成果相比，科銳最近公布的發光效率數字是161流明／瓦，而另外一家公司歐司朗（Os-

美國華盛頓特區 National Gallery of Art 的 LED 迴廊，是由 41000 個 LED 燈泡組成。

ram），則是 136 流明／瓦，都是以 350 毫安的電流驅動下所測試之數據。一般燈泡的發光效率約在 15 流明／瓦，省電燈泡約在 40～50 流明／瓦，日光燈管約在 80 流明／瓦，LED 目前則可達到約 150 流明／瓦，故就照明最重視的發光效率而言，LED 已超越日光燈的水準，而且相較於日光燈，LED 更具有環保節能的優點，意即使用更低的能源，就能達到相同的發光效果。但 LED 目前之所以還無法取代日光燈的原因，在於成本太高（大約差距 16～17 倍）。所以 LED 若想取代燈泡，最重要的兩個研究課題為提升效能與降低成本，此亦為 LED 業界自發展以來所共同追求的目標。

結語

　　白光發光二極體與一般照明比較，用電量是一般燈泡的八分之一至十分之一、日光燈管的二分之一。以 1996 年為例，臺灣家庭照明用電量約二百億度，若所有照明通通改採用白光發光二極體燈泡，則每年至少省下一百二十億度的用電量，相當於一座核能發電廠一年的發電量。在日本，依據官方的報導資料，使用白光發光二極體照明，每年已可節省相當於五座核能發電廠的發電量。

　　與傳統照明相較，白光發光二極體發光效率已高於日光燈管及電燈泡，且在全球各國對環保議題日漸重視的趨勢下，業界預估至 2015 年，LED 的成本將可望降至 2 美元／千流明（現為 10～20 美元／千流明），此將與日光燈管（0.6 美元／千流明）及電燈泡（0.3 美元／千流明）的價格差距大幅縮小，屆時 LED 照明便有望受到民間的廣泛使用，成為光學產業新一代龍頭。

　　白光發光二極體除省電外，還有壽命長（可達十萬小時以上）、發熱量低（熱輻射少）、反應速度快（可高頻操作），對於廢棄物的處理既安全又環保（無汞汙染）等長處。由於白色發光二極體燈泡具有上述多項優點，預測將在二十一世紀漸漸取代日光燈管及電燈泡，成為兼具省電和環保概念的新光源，因此才會被喻為「永續性照明光源」的明日之星。

（2009 年 11 月號）

光照水分解產氫技術

◎—劉如熹、張文昇

劉如熹：任教國立臺灣大學化學系

張文昇：任職工研院能源與環境研究所

面臨日趨嚴重的全球暖化情況與未來世界能源需求大增之壓力，各國紛紛尋找取代傳統化石燃料的再生能源。由於氫氣具有非常高的能量密度，且燃燒後產物為純淨的水，對環境將不會造成汙染，故被視為極具潛力可取代化石燃料之次世代能源。目前大部分的氫氣仍來自化石燃料，僅有少部分的氫氣來自於再生能源，為達成二氧化碳零排放的理想，製造氫氣的原料最好可再循環利用，除此之外氫氣生產過程中所供給的能量，也必須由再生能源所提供。

於眾多利用再生能源生產氫氣的方式中，太陽能產氫技術與電解水產氫技術相似，皆可將水分解成為氫氣與氧氣，但不同之處為太陽能產氫技術是利用光觸媒（photocatalyst），[1] 藉由太陽光的能

---

1. 所謂「觸媒」，是指會降低活化能以協助或減緩反應進行，但是原則上不會消耗的催化材料，理論上來說，它的量是不會隨著反應進行而減少的，算是永久性的材料；而「光觸媒」是指在平時並不具備有觸媒能力，只有在特定波長光源的照射下能激發而產生催化作用的一種物質。

量，在不需供給任何電力的情況下即可分解水產生純淨的氫氣，其所產生之氫氣可作為電力的來源，如此一來運用自然界豐富的水資源即可產生源源不絕的能量，所以此項技術亦被視為化學界中的聖杯（holy grail of chemistry）。水分解產氫的光觸媒材料為近年來相當熱門之研究議題，隨著多種新型可見光光觸媒材料與反應示範器的開發，在氫氣生產與應用方面有著極大的進展。

氫能崛起與現況

　　氫氣具有高度能量，可藉由轉化裝置轉化為動能或電能（如燃料電池），其應用範圍廣泛，因此相較其他再生能源更具發展優勢。綜觀目前氫氣生產的方式，其來源可從化石燃料、核能、再生能源、生質能或水……等而來。然而除了化石燃料與部分電解技術外，其他的方式大都仍處於發展或試驗階段。

　　若依據目前使用的商業技術，以再生能源所生產的氫氣量只約占現今市場需求 4%，且方式多為利用再生能源提供電力來電解水生產氫氣，其他 96%仍然是以化石原料為主，且由化石原料生產的氫氣之售價普遍每公斤低於五美元。未來若要真正落實二氧化碳零排放的理想，使用再生能源產氫的方式必然成為趨勢，目前已經發展多種結合再生能源生產氫氣的方式，例如以太陽光的熱能分解水，

或是將風力與太陽能板所產生的電力提供給電解槽中的水分解成氫氣與氧氣，以及將生質能轉化成為氫氣及太陽能產氫等方式。

技術與成本考量

上述提及的再生能源產氫技術中，以「水分解產氫方式」被認為是最適合永續經營的產氫方法，因為水是地球上蘊藏最豐富的氫載體。若利用充足的太陽光作為水分解時之能量需求，則可源源不絕提供潔淨的氫氣。

但是，利用太陽能分解水的技術勢必會面臨到土地利用的問題，根據 1999 年美國再生能源實驗室（National Remewable Energy Laboratory, NREL）所發表之〈*Arealizable renewable energy future*〉文中指出，若以美國一年的電力需求量作為基準（1997 年，約 3.2×10^{12} 瓦），換算成相等能量之氫氣（約一億二千萬噸的氫氣），以太陽能板（photovoltaic panels）結合電解槽的方式（效率約 10%，太陽能板效率約 15% 與電解槽效率約 70%），則需要 10900 平方英哩的土地（< 0.4% 全美可利用之土地），由此可知太陽能（photovoltaic, PV）系統確實有足夠能力提供日常生活所需的能量需求。雖然 PV 產氫系統目前的設備均已商業化，但太陽能板生產電力的花費仍居高不下，其氫氣生產成本大約為每公斤十三美元，因此較難與現行的

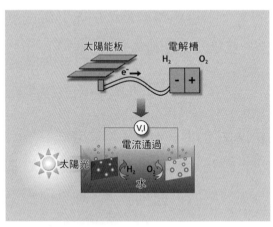

太陽能板　電解槽
H₂　O₂
e⁻
太陽光
電流通過
H₂　O₂
水

圖一：水分解產氫技術將太陽能板與電解槽設備整合為一，
　　　可降低生產氫氣的設備成本。

產氫技術競爭。

　　水分解產氫技術乃將太陽能板與電解槽設備整合為一（圖一），省去系統間分散的設備與花費，除此之外，運用於水分解產氫技術中的光觸媒材料成本較低且不需半導體製程，因此當水分解產氫技術效率相等於 PV 系統時

（10%），生產氫氣的成本將大幅降低。

水分解產氫技術
源起

　　所謂水分解產氫技術，即是利用太陽光作為能量來源，輔以半導體材料進行分解水產氫的方式，此概念最早在 1972 年由本多（K. Honda）與藤島（A. Fujishima）兩位日本學者所實現，他們將金紅石相之二氧化鈦（rutile TiO_2）置於陽極、利用白金（Pt）作為陰極電極，由於 TiO_2 屬 n（negative）型半導體，其能隙值（band gap）約為

3.2 電子伏特（eV），於 UV 光源照射下 TiO$_2$ 電極會被激發而產生電子—電洞對（electron-hole pairs），在光觸媒表面會形成電洞，而所產生之電洞將水氧化成氧氣，電子則藉由外電路傳遞至白金電極發生還原反應生成氫氣，此即著名的「本多—藤島效應」（Honda-Fujishima effect，圖二）。

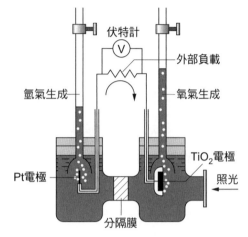

圖二：「本多—藤島效應」：在UV光的照射下，陽極的TiO$_2$（光觸媒材料）會被激發產生電子—電洞對，於 TiO$_2$ 表面形成帶正電的電洞，將水氧化成氧氣，而電子則傳遞至陰極的 Pt 發生還原反應生成氫氣。

類型

一般而言，水分解產氫技術大致上可分成兩種類型：

一、「**光電化學產氫技術**」（photoelectrochemical, PEC），如圖二之反應即為 PEC 技術，此類產氫方式主要是以光觸媒製作成反應電極，中間藉由透膜以分開氧化與還原反應，如同一般常見的電解水形式，氫氣與氧氣分別於陽極與陰極產生，這種方式亦可藉由提供偏壓以增加水分解不足的能量或是提升水分解產氫的效能。

二、「**光催化反應產氫技術**」（photocatalytic reaction），光催化

反應為所有水分解過程中的氧化還原反應均發生於光觸媒材料表面上，從圖三可清楚了解光催化反應產氫的原理與機制：

步驟一：光觸媒在吸收大於本身材料能隙值的光子能量後會產生電子—電洞對。

步驟二：光激發載子分離且擴散至觸媒表面。

步驟三：光激發產生之電子、電洞於表面分別產生氫氣與氧氣。

反應需求

由於水在自然界中為一穩定，所以需要提供適當能量才能將水分解為氫氣與氧氣。根據熱力學公式計算，水分解反應所需要的能量約為每莫耳238千焦耳，而由相對標準氫之氧化還原電位，對於分解水之能階為：

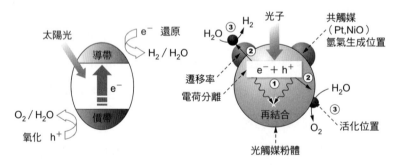

圖三：光催化反應產氫技術中，光觸媒化學反應的原理與機制示意圖。（Ａ）為基本的反應原理，其中e⁻、h⁺分別表示電子與電洞。（Ｂ）為實際上的反應機制及各種可能發生的反應途徑；其中步驟①為光觸媒吸收大於本身隙值的光子能量而產生電子—電洞對（e⁻＋h⁺）；步驟②為光激發載子分離且擴散至觸媒表面；步驟③為受光激發產生的電子、電洞於觸媒表面分別產生氫氣與氧氣。

步驟一：$2H_2O_{(l)} \longrightarrow O_2 + 4H^+ + 4e^-$ 標準氫電位為 1.23 伏特

步驟二：$2H^+ + 2e^- \longrightarrow H_2$ 標準氫電位為 0 伏特

由上述反應式得知，水分解成為氫氣與氧氣所需輸入之理論能量為 1.23 伏特，利用 $E = hC/\lambda$ 公式[2]可得知要能進行分解水反應，需要吸收近似 1000 奈米波長的能量，然而真實水分解反應所需要的不只是理論上的能量值，同時還須考慮光觸媒材料之氧化還原電位搭配及反應材料與溶液介面等問題。

以 PEC 系統為例，根據研究指出水分解反應的發生必須符合三大需求（圖四）：

一、「能量需求」：由於光觸媒材料與溶液間存在過電壓等問題，因此實際上所需能量往往超過理論值 0.4～0.5 伏特的電壓，所以材料能隙值必須大於 1.6 電子伏特，但為能有效利用日光能量，能隙值最好不要高於 2.2 電子伏特，相當於吸收波長在 500～600 奈米。

二、「穩定性」：水分解反應於水溶液中進行，因此材料於水溶液狀態下必須具穩定性與長時間的觸媒活性。

三、「能階」：光觸媒的導帶（conduction band, CB）位置必須

---

2. 光源的能量（E）長（lambda，標記 λ）之間具有反比關係：即 E 式，其中 h 是普朗克常數，C 表示光速。

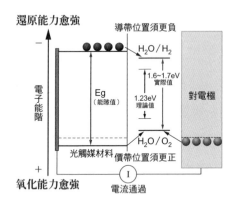

圖四：從圖可知，水分解反應的能量需求理論值為 1.23 伏特，因此光觸媒材料的能隙值理論要 > 1.23eV，但由於光觸媒本身與溶液間存有過電壓等問題，所以實際上反應所需的能量會超過理論值，因此光觸媒的能隙值也必須隨之變大（如圖所示 1.6～1.7eV）；而從能階需求來看，光觸媒的導帶位置須低於氫的還原電位（更偏負），而價帶位置須高於水的氧化電位（更偏正），才能有足夠的氧化還原能力來進行水分解反應。

低於（更偏負）氫之還原電位，而價帶（valence band, VB）位置高於（更偏正）水的氧化電位，亦即光觸媒材料必須具有足夠氧化還原能力才能使水分解反應順利進行。[3]

材料與反應器

目前運用於水分解產氫技術之光觸媒材料，若以「材料吸光範圍」區分光觸媒材料，主要可分成「紫外光」與「可見光」光觸媒，現今所常見的氧系列光觸媒材料大都屬於紫外光區，最為人所熟知的即為 TiO_2，此材料具有

---

3. 在絕對溫度為零時，鍵結最高能量的能帶都填滿了電子，由於這些電子是參與鍵結作用，屬於價電子，因此這些價電子所存在的能帶，我們稱其為「價帶」；在一般狀況下，這些價電子是穩定存在於價帶中，可是當價電子接受外在的能量激發後，使其具有足夠的能量可以進入那些未被電子占有的能帶，由於這些能帶一旦有電子進入便可以產生導電的效果，因此我們稱其為「導帶」。在價帶與導帶之間有一間隙，我們稱之為「能隙」或「能階」，因此電子要從價帶到導帶時，必須提供電子足夠的能量。

極佳的穩定性且常被使用於商業用途上，因此 TiO_2 的相關研究最多，僅有少部分的氧系列光觸媒為可見光，如 Fe_2O_3、WO_3 等，圖五即為常見光觸媒材料之能隙值。

　　除此之外，近十年來各國科學家致力發展新型光觸媒。於紫外光光觸媒發展部分，有日本國家產業技術總合研究所（National Institute of Advanced Industrial Scienceand Technology, AIST）所開發之銦鉭系列、日本東京大學堂免（K. Domen）教授所研究之鈣鈦礦（provskites）系列等；其中以 $NaTaO_3$（屬於鈉鉭氧化物）光觸媒具有最

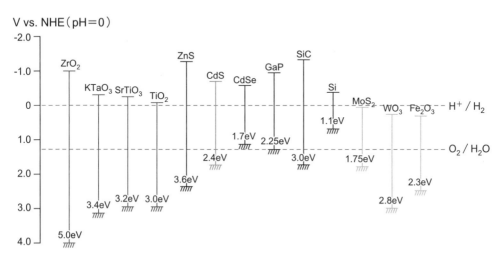

圖五：常見光觸媒半導體材料之能隙值，縱座標表示在 pH＝0 時，「氧化還原電位相對於標準氫電位」。

佳之產氫效率。而於可見光部分,有日本東京理科大學工藤(A. Kudo)教授所製備之 $CuInS_2$-$AgInS_2$-ZnS 光觸媒材料,其能隙值約為 2.0 電子伏特,於 AM1.5(0.3 克觸媒)之日光照射下,[4] 產氫速率可達每小時 2.3 毫莫耳的氫氣。表一、表二為目前最佳產氫效率之光觸媒種類與反應器比較表。

瓶頸與突破

現今僅有少部分研究單位開發出水分解產氫之雛型機或示範系統。如 1998 年美國 NREL 所發展之反應器乃採用複合式光觸媒板,光反應板的材料為傳統的 III-V 族半導體材料為主,藉由多層光觸媒材料設計以增加其產氫效率,此系統之太陽光轉化氫氣(solar to hydrogen)的效能可達 12.4%,更甚至已超越 PV 系統的產氫效能,但由於半導體材料於水溶液中並不穩定,會隨著反應時間增長而導致材料表面逐漸被腐蝕,故最高效能僅能維持二十小時。

---

4. AM 即 Air Mass(空氣質量),定義為穿過幾個大氣層厚度之太陽光(不同 Air Mass 與波= hC/λ公圖七:由工研院能還所發展的小型水分解產氫示範系統。代表不同的太陽光光譜)。AM1.5 用來表示地面的平均照度,是指陽光透過大氣層後,與地表呈 48.2 度時的光強度,功率約為每平方公尺 844 瓦,在國際規範(IEC891、IEC904-1)則將 AM1.5 的功率定義為每平方公尺 1000 瓦。

表一：水分解產氫之光觸媒種類與產氫效率比較

研究單位	光觸媒材料	效率
日本 AIST	$Ni\text{-}InTaO_4$	470µmole/hr-H_2（紫外光）
日北東京理科大學（工藤教授）	$Ru（CuAg）_{0.15}In_{0.3}Zn_{1.4}S_2$ $NaTaO_3$	2320µmole/hr-H_2（可見光） 2810µmole/hr-H_2（紫外光）
美國杜肯大學	$CM\text{-}TiO_2$	$\eta = 8.5\%$

註：μmole/hr-H2（微莫耳氫氣／小時）：表示每小時產生多少微莫耳的氫氣。　　η：太陽光轉化氫氣效率。

表二：水分解產氫之反應器與產氫效率比較

研究單位	反應器	效率
M.Graetzel 教授	WO_3/TiO_2	$\eta = 4.5\%$ （結合獨立的染料敏化太陽能電池與光觸媒薄膜反應器）
美國 NREL	$GaInP_2/GaAs$	$\eta = 12.4\%$，光觸媒壽命＞二十小時 （製作成本昂貴，且此種材料在水溶液中易被腐蝕）

　　根據先前文中所提及的水分解產氫材料之需求，至今尚未能有單一光觸媒材料能夠同時滿足所有的條件，故現在專家學者紛紛致力於光觸媒材料發展與改質研究，如圖六乃以紫外光之金屬氧化物光觸媒藉由摻雜異原子（如 C、N、S）以降低其氧化電位，可縮短能隙值至可見光範圍；也可藉由摻雜過渡金屬或利用能隙工程以形成摻雜能階或是新的混成軌域來改變其氧化與還原電位，藉此將吸收光譜延伸至可見光區。

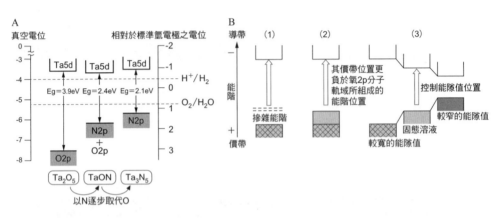

圖六：光觸媒材料改質示意圖。（A）光觸媒藉由摻雜非金屬的異原子（以氮取代氧）改質來降低其氧化電位，縮短能隙值。（B-1）為光觸媒藉由摻雜過渡金屬改質以形成摻雜能階，縮短能隙值；（B-2）是以類似（A）的做法處理；（B-3）為利用能隙工程來改變觸媒的氧化與還原電位，縮短能隙值。

　　而由工研院能環所與學術界（如中正大學化工系、臺灣大學化學系等）、中央研究院原分所共同研發的光觸媒材料均屬於可見光材料，包含 AgInS 系列光觸媒、氧化鐵光觸媒及量子點與氧化鋅奈米柱複合材料，而目前硫系列之光觸媒薄膜的效率於 AM1.5、每平方公分100毫瓦之模擬日光照射下，其產氫速率可至每平方公尺二十三公升（0 伏特相對於飽和甘汞電極之電壓）。另外也同時開發雙電池（tandem cell）系統之光觸媒材料，氧化鐵材料具有成本低廉與穩定性佳之特性，然而其缺點在於還原電位不足以產生氫氣，因此可藉由輔助外加光電池以克服位能問題，目前可藉由表面改質技術將

產氫速率提升至每平方公尺二十五公升（0.7 伏特相對於飽和甘汞電極之電壓），並可讓光觸媒壽命延長至五百小時以上。

圖七：由工研院能發所發展的小型水分解產氫示範系統

雖然量子點與氧化鋅奈米柱複合材料具穩定性佳之優點，但其效率目前仍低於 3%，另外工研院能環所亦已發展完成結合燃料電池之小型產氫示範系統（圖七），此系統採用之粉體為自行研發的硫系列光觸媒材料，產氫速率約為每克材料每小時產生 60 毫升（燃料電池功率為 0.7 瓦），光觸媒壽命可維持一百二十小時以上。

結語

未來的數十年內，人類對於能源的使用仍無法擺脫化石燃料，但若欲有效解決氣候變遷及能源需求增加的窘境，仍須致力於替代能源的發展。「水分解產氫技術」為未來再生能源使用提供一個潔淨且可信賴的藍圖，以現今光觸媒的發展而言，太陽能分解水技術尚處於發展階段，但其效能已接近美國能源部（Department of Energy, DOE）所

設之目標，若能有效解決光觸媒於水分解反應時的穩定性，將會對於目前能源使用與產氫技術帶來重大影響。

（2010 年 7 月號）

動手種出生質柴油田

◎—陳漢烱、李宏台、盧文章

皆任職工研院能源與環境研究所

據國際能源協會（IEA）統計，生質能源約占全球初級能源的11%，為第四大能源，僅次於石油、煤、天然氣等傳統化石能源。2004 年 11 月，英國石油公司首席執行官約翰・布朗，於國際石油會議上預測，世界石油儲量約可再用四十年，天然氣儲量約七十年，除了化石能源枯竭危機，大量使用化石能源導致全球暖化的現象，也威脅著人類的生存環境。在追求永續、潔淨的能源發展下，由地層挖出來的化石燃料，已不再是交通運輸工具的單一選項，從地表上種出來的生質柴油，已被積極的開發與應用！

生質柴油的起源及發展歷史，與內燃機的發明應用密不可分。內燃機是十九世紀六○年代的發明之一：1860 年法國人勒努瓦成功研製的煤氣機，為世界上第一台實用的內燃機；1883 年德國人戴姆勒發明了汽油機；1893 年 8 月 10 日，德國人狄塞爾在德國奧格斯堡，展示他成功研發的壓燃式內燃機原型機，在 1900 年的巴黎世界

博覽會中，他也展示了以花生油驅動的引擎，之後再改用黏度較低的化石柴油。

嚴格來說，未經轉酯的花生油只能稱為生質燃料，並非生質柴油，但狄塞爾仍相信未來他的引擎將使用生質燃料。他在 1912 年的演講中提到，「就引擎燃料而言，未來植物油將會如同現在的化石燃料同等重要」，已明揭示生質燃料應用的遠景。國際上以 8 月 10 日狄塞爾內燃機問世之日，訂為國際生質柴油日（International Biodiesel Day）。另外，美國為紀念狄塞爾在生質燃料上的宏觀與遠見，也以他的生日 3 月 18 日訂為國家生質柴油日（National Biodiesel Day）。

生質柴油是什麼？

生質柴油是利用動植物油脂或廢食用油的長鏈脂肪酸，於觸媒存在下，與烷基醇類反應，產生烷基酯類燃料，可直接使用於柴油引擎，或以任意比例與石化柴油調和後使用，以降低油耗、提高動力性，並減低排放污染率。依添加的比例不同而有不同的表示法，如 20%生質柴油與 80%柴油混合稱為 B20。此外，生質柴油可有效改善柴油引擎的廢氣排放品質，與化石柴油比較，純生質柴油（B100）在總碳氫化合物可減量 80～90%、一氧化碳可減量 30～40%、懸浮微粒可減量 30～50%。又因生質柴油具有較高的運動

黏度，在不影響燃油霧化的情況下，更容易在汽缸內壁形成一層油膜，從而提高運動機件的潤滑性，降低機件磨損。圖一為生質柴油的轉酯化反應式。

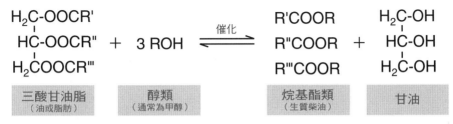

圖一：從油脂到生質柴油的轉酯化過程

生質柴油的製作過程

　　生質柴油是利用動植物油脂或廢食用油，經由轉脂化反應產製而成，料源為生質柴油產製的要件。在原料部分，除了廢食用油外，國際上大多利用各種油脂作物作為產製生質柴油的原料，例如美國主要以大豆為主、歐洲地區則以油菜為大宗，另外，東南亞地區則以棕櫚樹及痲瘋樹……等油脂作物當作原料。表一為各種油脂作物單位面積可產製的生質柴油量比較。而除了產油率外，在料源的部分，還必須考量到生長環境的條件以及種植成本。在生質柴油

表一：各類油脂作物單位面積產油率（由少至多排序）

植物名	拉丁學名	公斤／公頃
蓖麻籽	*Ricinus communis*	1188
胡桃	*Carya illinoensis*	1505
荷荷巴	*Simmondsia chinensis*	1528
巴西棕櫚	*Orbignya martiana*	1541
麻風樹	*Jatropha curcas*	1590
澳洲胡桃	*Macadamia temiflora*	1887
巴西堅果	*Bertholletia excelsa*	2010
酪梨	*Persea americana*	2217
椰子	*Cocos nucifera*	2260
油棕	*Elaeis guineensis*	5000

參考資料：*Biodiesel*：A Brief Overview, by Karen Faupel & Al Kurki, NCAT Agriculture Specialists, May 2002

的產製技術方面，將動植物油或廢食用油轉化成為生質柴油主要的技術有：（一）稀釋（dilution）；（二）裂解（pyrolysis）；（三）微乳化（microemulsion）及（四）轉酯化（transesterification）等。綜合考量上述四種技術的系統操作性、安全性及經濟性等因素，目前大部分生質柴油商業化製造技術皆採用轉酯化製程生質柴油。轉酯化反應依使用催化劑種類可區分為均相／異相觸媒（homogeneous/heterogeneous catalyst）與脂肪酵素兩種。使用均相觸媒例如：硫酸、氫氧化鈉，製程反應快（一小時內）且產率高，可達 98%，有利於商業化推廣。製造流程如圖二（見下一頁）所示。

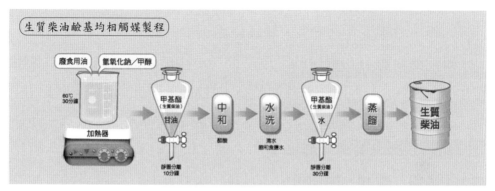

圖二：廢食用油與鹼基均相觸媒（氫氧化鈉）、甲醇經加熱反應後，產生甲基酯（生質柴油）和甘油，經過中和、水洗等反應，靜置三十分鐘，使甲基酯和水層分離，最後再經蒸餾，則可得到生質柴油。

　　鹼基均相觸媒包括鹼性金屬氫氧化物（NaOH、KOH）、鹼性金屬烷基氧化物（例如 CH₃ONa）、碳酸鈉與碳酸鉀。其中使用甲醇鈉（CH₃ONa）產率較其他鹼性金屬烷基化物高（＞98%）且反應時間較短，但反應須在無水環境中進行，所以在工業生產時製程條件較嚴格。氫氧化鈉、氫氧化鉀的反應性較甲醇鈉低，但因價格便宜且濃度提高（1～2mol%）也可達到相同產率，因此較適於商業化。

　　使用鹼性金屬氫氧化物（NaOH、KOH）觸媒的缺點是：處理油品時，如果反應槽含有水分，會將產物水解產生脂肪酸，進一步與鹼性金屬氧化物（如 NaOH、KOH）皂化反應，產生皂化物（soapy residue）。針對皂化反應，若使用碳酸鈉或碳酸鉀（濃度 2～3mol%）

即可避免，但成本較高。另外，未反應完全的脂肪酸、皂化物及甘油混合後，會產生乳化現象，難以分離。

雖然鹼製程可在很短的反應時間（一小時）內得到高生質柴油轉化率（98%），但因額外耗能較高、甘油副產物回收困難、產品中鹼液去除、鹼液廢水需處理及反應條件較嚴苛等缺點，故進一步研發利用脂肪酵素製造生質柴油的方法。以脂肪酵素法合成生質柴油，不但條件溫和、醇用量少，且無污染物排放，適於各種動植物油及廢食用油的處理。

由於脂肪酵素法可處理較多種的原料，利於成本的控制。但目前主要問題有：（一）製程的產率及反應時間長。（二）對甲醇及乙醇的轉化率低，一般只有 40～60%，目前脂肪酵素對長鏈脂肪醇的酯化或轉酯化有效，而對短鏈脂肪醇（如甲醇或乙醇）等轉化率低，而且短鏈醇對酵素具有毒性，酵素的使用壽命短。（三）副產物甘油和水不但抑制反應形成，而且甘油對固定化酵素有毒性，使固定化酵素使用壽命縮短。因此亟需開發新型脂肪酵素固定化方法及酯化製程，以製備高品質、低成本的生質柴油。提高酵素活性、穩定性的純化方式，將是未來使用脂肪酵素方法製造生質柴油的研發目標。

利用生物觸媒轉酯化方法，目前雖仍無商業化製程，但因兼具

環保與節約能源的優點,被視為是未來重要的生產技術;尤以廢食用油為原料,生物轉化時可忍受較高雜質與水分,利於減少前處理的步驟。

國際發展趨勢

自 1980 年代,奧地利開始結合能源作物推動生質柴油,1991 年全球第一座商業化規模(約1萬公秉/年)的生質柴油廠,也於奧地利的 Aschach 正式營運。由於生質柴油使用上可直接添加,或以任何比例與傳統化石柴油混合使用,無需修改引擎系統,在此優勢及各國相關政策法令與獎勵措施的推動下,自 1999 年後生質柴油便快速大幅成長。截至 2005 年底,歐洲地區生質柴油的產能已達一年三百七十萬公秉(圖三),其中德國的年產能達二百萬公秉,居全球之冠,而義大利及法國也分別有六十萬及四十二萬公秉的年產能。近年來,美國生質柴油產量

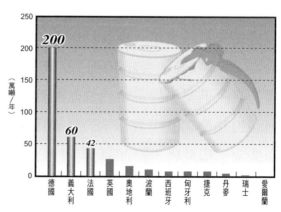

圖三 歐盟國家生質柴油產能現況

資料來源: UFOP(Union for the Promotion of Oil and Crops)

邁增，從 1999 年每年生產約一千六百七十萬公秉，增加到 2004 年一千六百七十萬公秉以上，成為美國成長最快速的替代能源。

德國是推廣生質柴油最成功的國家，截至 2005 年，德國境內已有超過一千九百座的加油站販售生質柴油，實際銷售量也高達一百五十萬公秉以上。透過稅賦減免的優惠，不僅市售的生質柴油價格低於化石柴油（價差約 0.14/L～0.2/L），在此價差誘因下，大型貨車的添加使用量已約占德國生質柴油產量的七成。

國內發展現況

臺灣在 2000 年由美國黃豆協會（ASA）正式引進，並委由裕益汽車與工研院能源與環境研究所（簡稱能環所），進行生質柴油相關評估與道路測試。有鑑於生質柴油對於能源的效益，經濟部能源局從 2003 年起，委託工研院能環所執行「生物能源技術應用研究計畫」。除了開發生質柴油的鹼製程生產技術外，並經公開程序與嘉義新日化公司共同合作，於嘉義民雄工業區內設立了臺灣第一座生質柴油示範系統，於 2004 年 10 月正式啟用商轉營運，開啟了國內業界廠商投入生質柴油產業發展的契機。該示範廠是以廢食用油作為原料製造，一年最大生產容量可達三千公秉以上。目前產製的生質柴油，配合行政院環保署自 2004 年度下半年起，陸續在臺北市、高

化石柴油		生質柴油
生物屍體堆積、分解後,經壓力和地熱作用,使有機物轉化成石油和天然氣,石油經過分餾後則可產生化石柴油。	來源	由大地所育成植物的油脂成分、動物油脂以及廢食用油經過轉酯所製造
化石柴油屬16~18C的烷類,多數原油中含有重量82~87%的碳及12~15%之氫,含氧量低,燃燒性能較差。	含氧量	生質柴油屬16~18C的酯類,含氧量達11%,提升燃燒、點火性能。且抗震爆性較佳。
石油裂解氣和石油廢氣的主要成分為氫、甲烷、丁烷、乙烯、丙烯等,也產生一氧化碳(CO)、氮氧化合物(NOx)。	環境影響	無毒性,具生化分解、健康環保性能。不含芳香烴類、硫、鉛、鹵素等有害物質。碳氫、碳氧化物及SO_2排放量少。
閃火點>52℃(125.6℉)	安全性	閃火點>170℃較化石柴油高,安全性高,利於儲存。
化石柴油熱值10930 kcal/kg	熱值	生質柴油熱值9800 kcal/kg,與化石柴油相近,可直接使用於目前的柴油機。

註:閃火點是油品能夠燃燒的最低溫度,低於這個溫度就不足以維持石油蒸汽燃燒。
由於石油產品含有大量高揮發性物質,易引起火災及油桶爆炸,故閃火點溫度的高低
與安全性有很大的關係。

生質柴油與化石柴油的比較

雄市等十六個縣市，所推動的「生殖柴油道路試行工作計畫」，試行添加生質柴油的資源回收車、垃圾車或是縣市公車。

在 2005 年 6 月召開的全國能源會議中，於議題三——綠色能源發展與提高能源使用效率的共識結論中，政府明確宣告即將進行生質柴油的推廣應用，2010 年目標十萬公秉，2015 年目標則提高至十五萬公秉。為了推動符合國內環境的生質柴油國家標準規範，工研院能環所蒐集了國外生質柴油的規範及檢測標準程序，參考國外生質柴油的標準，研擬提出生質柴油的標準制定建議書，目前已提送至中央標準局申請生質柴油國家規範。此標準一旦訂定後，將有助於建立生質柴油生產及使用的產品檢驗標準，提供製造業者、銷售者及消費者參考的檢驗標準，並供政府訂定相關的政策獎勵等配套措施。

行政院農委會則自 2005 年 5 月起，擇定宜蘭三星、雲林古坑、台南學甲等三地，分別各以三十公頃的休耕農地，試種大豆、油菜花及向日葵三種能源作物。除了篩選培育本土化能源作物的最適品種與耕種技術外，今年更進一步推廣種植面積達二千公頃，以評估能源作物的產製成本，期望結合休耕補助機制，加速推廣能源作物的栽種，穩定提供產製生質柴油所需的料源，塑造能源、環境及經濟共容共存的永續發展典範！

全球生產生質柴油與生質酒精的國家

▉：產生質酒精的國家　▉：產生質柴油的國家　▉：產生質酒精與柴油的國家

美 洲	亞 洲	亞 洲	歐 洲	歐 洲	歐 洲	歐 洲	歐 洲	歐 洲	非 洲	澳 洲
美　國	日　本	大　陸	法　國	德　國	芬　蘭	波　蘭	愛沙尼亞	瑞　士	蘇　丹	澳大利亞
巴　西	台　灣	印　度	西班牙	荷　蘭	瑞　典	捷　克	拉脫維亞	立陶宛	肯　亞	
智　利	印　尼	南　韓	葡萄牙	盧森堡	丹　麥	奧地利	斯洛伐克	愛爾蘭	南　非	
	菲律賓	尼泊爾	馬爾他	比利時	義大利	匈牙利	斯洛維尼亞			

由於化石能源短缺，且溫室效應對全球帶來許多災害，故越來越多國家希望開發永續且對地球友善的能源。其中產生質酒精的三大國為美國、巴西和大陸，而生質柴油以歐盟中的德國產量最多。

（2006 年 8 月號）

不與人爭糧的酒精汽油

◎—黃文松、陳文華、逢筱芳、門立中

近年來，由於石油主要產地的中東地區，政經局勢持續近不穩定，原油價格從 2003 年每桶約二十餘元美金，大幅飆漲到今年每桶七十餘元美金。人們也發現，目前已知的原油蘊藏量大約只夠供給未來四十至七十年使用，再加上氣候的變遷、地球的暖化日益明顯，世界各國為了自身能源供應的安全及永續性，以及對維護地球環境清潔的道德與責任，紛紛投入各項資源研究，尋找清潔、安全又能永續使用的能源。尤其在這個運輸事業仍以石化燃料為主的時代，尋找替代能源更是運輸業迫在眉睫的大事之一。

尋找取代化石燃料的新能源

在過去的二十多年，人們曾經試過許多運輸燃料替代品，例如天然氣（compressed natural gas, CNG）、液化石油氣（liquefied petro-leum gas, LPG）及電動車，固然各有優點，但也有其不易克服的固有

缺失。例如，現在使用中的車輛需花費大筆的改裝費用、加油站（或加氣站／充電站）需要重新改裝設備等，都是要將現有的運輸燃料系統徹底換裝改變，對現有系統及經濟結構衝擊較大。所以，找出一個可以使用於現有燃料配銷、填加系統，又能直接用在現有車輛的生質燃料，是刻不容緩的事。在生質燃料之中，生質酒精及生質柴油被公認為最具應用價值的代表性替代能源。

生質酒精是將生質物料經由一系列化學及生物方法水解、醱酵而獲得的酒精。全世界酒精總產量約為四千五百九十萬公秉，其中60%是經由含糖類的農產品醱酵製成，33%是以澱粉類農產品醱酵所製，僅有 7%是人工合成方法製造。因此，醱酵製程的產量占酒精總產量93%以上。根據國際能源協會（IEA）在2004年的統計資料，生質酒精占全球生質燃料使用量的 90%以上，主要用途就是作為汽油的替代燃料。

巴、美生質酒精產量居全球之冠

目前巴西和美國是生質酒精最主要的生產國，兩國產量合計占全世界產量的 70%。巴西是推動生質酒精汽油最成功的國家，利用甘蔗為主要原料，全國以 22%酒精摻合汽油作為汽車燃料，稱為 E22酒精汽油，另有可直接使用 E95（95%變性含水酒精）的汽車。巴西

原為全球第一大酒精生產國，自 2005 年產量被美國追過，即為第二大生產國。

　　2005 年，美國的生質酒精產量以一千六百七十萬公秉居世界首位，主要原料是玉米澱粉，目前加州和中西部玉米生產帶各州為主要使用地區。酒精和汽油的摻合比例則以E10 及E85 為主。在亞洲地區，主要生產酒精汽油的國家，包括大陸、印度和泰國。國際使用生質酒精汽油的狀況如表一所示。

　　根據國際能源協會預估，發展至 2020 年，生質燃料的年產量將可達一億二千萬公秉，約為現在產量的四倍（圖一）。而且生質酒精作為車用汽油替代燃料的比例，也由目前的 1.5%提升至 6%。因此，以生質酒精摻合汽油作為替代的燃料已是必然趨勢。

甘蔗、玉米皆為生質酒精來源

　　生質酒精的生產原料，依組成成分主要可分為糖質、澱粉和纖

表一：國際使用酒精汽油的現況

國別	酒精汽油規格	生質原料	備註
巴西	E22、E95	甘蔗	1975 頒布國家酒精計畫，加強使用酒精汽油
美國	E10、E85	玉米	2004 年十七州實施潔淨能源法案
大陸	E10	穀類、甘蔗	
歐盟	E5	小麥、燕麥、甜菜	2004 年實施酒精市場法規
泰國	E5	木薯、甘蔗、稻米	2007 年推行 E10 酒精汽油
日本	E3、E10	廢木材	1983 年實施燃料酒精計畫

維三種，澱粉和糖質不僅是現階段生產酒精的主要原料，也是人類和畜牧業的糧食來源之一。為了避免爭糧顧慮，未來生質酒精最主要的原料將是農業廢棄物中含量最多的纖維。

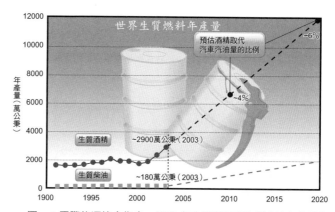

圖一：國際能源協會指出，2003 年生質酒精與生質柴油年產量為 2900 萬公秉及 180 萬公秉，預估生質能未來產量仍會逐年增加。

參考資料：International Energy Agency, Biofuels for Transport: An International Perspective（2004）

若比較生質酒精的三種原料——糖、澱粉和纖維，就原料成本而言，糖最高、澱粉次之，纖維最低；以生產技術來看，則順序相反。圖二表示這三種生質原料在酒精生產的各個程序步驟。

生產酒精的主要程序包括原料收集、前處理、水解糖化、糖質醱酵及酒精純化等單元。其中，前處理的功能是以粉碎、研磨等物理方法，增加反應表面積，以提高轉化效率；水解糖化單元是將澱粉、纖維等原料，經酸化或酵素轉化成為酵母菌可利用的糖類，再進行醱酵而轉化成酒精。糖質和澱粉類原料的酒精製造過程，人類已有數千年的操作經驗，因此現階段各國商業運轉工廠所使用的原

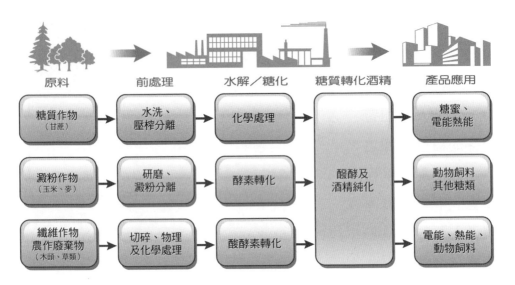

原料	前處理	水解／糖化	糖質轉化酒精	產品應用
糖質作物 （甘蔗）	水洗、 壓榨分離	化學處理	醱酵及 酒精純化	糖蜜、 電能熱能
澱粉作物 （玉米、麥）	研磨、 澱粉分離	酵素轉化		動物飼料 其他糖類
纖維作物 農作廢棄物 （木頭、草類）	切碎、物理 及化學處理	酸酵素轉化		電能、熱能、 動物飼料

圖二：生質原料轉化酒精的生產程序

料程序，都是以糖質和澱粉類為主。

纖維素是重點原料

　　為了避免糧食成為生產原料，以及降低生產成本的考量，所以農業廢棄物中的纖維，將是未來生質酒精的主要原料。如此一來，不但能夠降低原料價格的成本，同時也解決了處理廢棄物的環保問題，因此各國無不積極研發纖維轉化酒精的技術。

　　植物纖維的組成以纖維素、半纖維素、木質素為主，比例依序

約占 38～50%、23～32%、15～25% 及 5～13%（圖三）。其中纖維素是葡萄糖的線型聚合物，因其具有結晶性，又有氫鍵結構存在，使得聚合物分子之間結合緊密、不易打散，因此，需要較劇烈的反應條件將其碎裂。這個碎裂的反應，就稱為水解或糖化作用。纖維素一旦碎裂成單體，即是六碳糖的葡萄糖分子，我們就能以熟知的酵母菌醱酵作用將其轉化成酒精。

　　木糖是構成半纖維素主、支鏈的主要成分。雖然半纖維素結晶性較低，較容易水解成單糖，但水解後的產物以五碳糖為主，因此並不能被酵母菌利用，而必須使用能將五碳糖轉化為酒精的菌種。

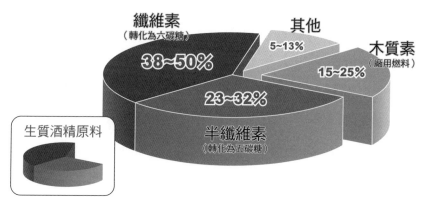

圖三：纖維素原料的主要組成及來源

參考資料：McMillan J. D.,"Biotechnological routes to biomass conversion",National Bioenergy Center, NREL（2004）

目前各國努力發展基因改良菌種，尋求可同時利用兩種糖類進行醱酵且產率高的菌株，達到縮短反應時間及簡化反應程序的目的。

　　大多數酒精轉化工廠均將醱酵後的殘渣作為鍋爐燃料，用以產生蒸氣及電力。目前另有學者試圖尋找適當的微生物，期望將木質素分解成有機酸、酚類……等，擴大利用價值。利用上述方法破壞纖維素的結晶性和氫鍵結構，以及半纖維素和木質素構成纖維素外層的保護網，使構造鬆散，以利後續酸液或酵素能接近纖維素而進行水解糖化作用。

未來交通運輸的替代能源

　　應用糖質和澱粉作為醱酵原料的生產廠，仍是目前的生質酒精工業的主流，但纖維原料的研究方興未艾，雖然仍有許多待改進的空間，但必然會成為未來的主流趨勢。

　　由於生質酒精比石化燃料更能維護環境的清潔，是一種能循環於大自然間的能源燃料，因此，為了人類的永續發展，生質酒精摻合汽油作為燃料，在本世紀將成為交通運輸的替代能源。

（2006 年 8 月號）

認識生質能源

◎—劉廣定

聯合國為了因應日益嚴重的環境汙染與資源匱乏問題,由前挪威總理布倫特蘭(Gro Harlem Brundtland)女士為首,組成「世界環境與發展委員會」(WCED)謀求解決之道。據其 1987 年的報告書,永續發展的定義是:「能滿足當代所需但不損及後代滿足其所需之發展」;雖然最初的重點是就工業而言,但漸形成國際文明中之一重要思潮,也是人類追求的方向。1993 年,聯合國又成立了「永續發展委員會」(UNCSD),主掌宣導與推展,除了加強人們認識自然、保護環境的觀念外,並採取積極態度,以創新的發明及設計來促成世界進步,使環境、經濟和人類社會得以同時永續發展。

維持永續世界的主要問題有六,包括:人口增長、能源匱乏、氣候異變、資源枯竭、糧食供應、環境毒物等,皆與化學及化學工業息息相關,「永續化學」(sustainable chemistry 或 Nachhaltige Chemie）觀念由此而生。1998 年，國際經濟合作暨發展組織（OECD）主辦一場研習會，乃以「發明、設計和利用化學產品和化學製程，以減少或消除有害物質的使用與生產」為永續化學的定義；也可說是藉化學原理之探索、化學工程之實踐，促成人類的永續發展。

　　然臺灣甚多人士只知「保護」環境，常持消極態度和負面行為對待工業生產及開發建設；或不正確了解相關科技的本質，而引入不適在臺灣發展者；相關的教育也不受重視，在在有礙於進步、成長及國際競逐，亟需改進。

可再生性能源的提出

　　甫於 2007 年元月就任美國耶魯大學講座教授，前美國環保署的艾納斯塔（Paul T. Anastas）博士曾於 1998 年，和波士頓麻州大學的華納（John C. Warner）教授列出「永續化學十二原則」，第七項為「只要技術可行並符合經濟效益，應使用可再生性（renewable）原料」。

　　2003 年，艾納斯塔博士又和密西根大學的齊默曼（Julie Zimmerman）博士提出了永續工程（green engineering）十二原則，其末項也強調使用可再生性的能源及物料，這些原則現已為化學界與化學工程界普遍接受。其中，所謂可再生性能源包括自然界供給不

斷者，如日光、風和水力等，以及可於較短期內形成者，如植物的油脂、纖維、澱粉等；惟一般人對後者了解不多，且常有誤解。

《論語》有云：「知之為知之，不知為不知，是知也。」故若雖不知也不強以為知，而願虛心求知，不知並不為患；但麻煩的是，有些人強以不知為知，自以為是，或信無知者之讕言，卻不肯聽信知者之建言。這些人如果是制定國家政策者或政策執行者，則國力必將日漸衰退，臺灣近年的能源政策即是一例。

例如，抵制核能發電者宣稱應以風力代替，殊不知臺灣因地形關係，風力發電量有限，目前僅占總發電量約 0.2%，估計將來至多可達 1%；而目前核能發電量約為總發電量 20%！如何取代？另一常為多數人誤解的，就是生質能源（bioenergy）。

生質燃料好處多嗎

上文已述及，永續世界當前的難題包括了能源和氣候，兩者又密切關聯。蓋燃燒煤、石油、天然氣等化石燃料，會造成空氣汙染與溫室效應，而這些化石燃料可能到 2050 年即將用罄。故嘗試利用可不斷新生的生質物（biomass）為來源以製生質燃料（biofuel）開發生質能源，是為永續化學之一發展主題。

生質物是指活體或死亡不久的有機體和一些代謝產物，如牛、

馬糞等。從生質物得到的燃料稱為生質燃料，可為固、液、氣體等不同形態，皆屬可再生性能源。上古人類「燧人氏」鑽木取火，即是利用固體的生質燃料。各科技先進國且早已進行各方面的研發，近年來以液體生質燃料的進展為最快，其中生質乙醇（bioethanol）和生質柴油（biodiesel）等皆已廣泛利用，臺灣則才將開始採用。

很多人認為使用生質燃料，除了可代替部分化石燃料以延長其使用期，還有減少產生二氧化碳，或吸收大氣中二氧化碳、燃燒後排放更乾淨的氣體等優點；也有人以為，生質燃料產生的能量比化石燃料為多，但實際上並不盡然。

生質乙醇的優缺點

生質乙醇是由植物或一般農作物，將所含的蔗糖，或將他種醣類分子如澱粉、纖維素，先分解成為葡萄糖，再經酵母醱酵製成的乙醇。將之與汽油摻和，可直接用為燃料，有人稱之為汽醇（gashol）。巴西於 1970 年代試用成功，乃大量生產甘蔗，製造乙醇，其政府規定汽車燃料中，乙醇含量須達 22%（稱為 E22）。美國則以生產過剩的玉米製造乙醇，推廣使用含乙醇 10%的汽油（稱為 E10）；中國大陸有些省分也仿效推廣使用 E10 汽油。理論上，含乙醇的汽油雖較節省石油，但不是更好的燃料，因為乙醇燃燒所產生的熱量

不比汽油（碳氫化合物）高。

　　燃燒熱的定義，是每一莫耳物質與氧作用燃燒後所釋放的能量，單位為仟卡／莫耳（kcal/mol）或仟焦／莫耳（kJ/mol）。以含碳氫氧的有機化合物（CxHyOz）而言，燃燒後產生 x 莫耳的氣態 CO_2 與 y/2 莫耳的液態 H_2O，並放出熱量，即燃燒熱（ΔH_c^0）：

$$C_xH_yO_z + （x + y/4 - z/2）O_2 \longrightarrow xCO_{2(g)} + （y/2）H_2O_{(\ell)} + \Delta H_c^0$$

　　也就是說，每一個碳都氧化成為 CO_2，每兩個氫都氧化成為 H_2O，燃燒熱的大小與分子的化學結構有關。異構物越安定者生成熱（ΔH_f^0 kcal/mol）愈大而燃燒熱愈小，例如：

$$8C_{(石墨)} + 9H_{2(g)} \rightarrow C_8H_{18} + \Delta H_f^0$$

$$正辛烷_{(\ell)} \quad -250.1$$

$$異辛烷_{(\ell)} \quad -259.2$$

$$C_8H_{18} + 12.5O_2 \rightarrow 8CO_{2(g)} + 9H_2O_{(\ell)} + \Delta H_c^0 0$$

正辛烷$_{(\ell)}$　　　　　　　　　　　　　-5471

異辛烷$_{(\ell)}$　　　　　　　　　　　　　-5461

　　亦即，就安定性而言：正辛烷＜異辛烷；就燃燒熱而言：正辛烷＞異辛烷。

化合物分子中，碳的氧化態越高，則氧化釋放出來的能量越少，燃燒熱越小。分子若含相同的碳、氫原子數，含氧多者則燃燒熱（kJ/mol）小。例如：乙烷（C_2H_6, 1560.7）＞乙醇（C_2H_6O, 1366.8）＞乙二醇（$C_2H_6O_2$, 1189.2）；丙烯（C_3H_6, 2058.0）＞丙酮（C_3H_6O, 1789.9）＞乙酸甲酯（$C_3H_6O_2$, 1592.2）。所以，作為燃料時的燃燒效果是碳氫化合物最好，醇類次之，羰基化合物再次，酯類更差。

　　再若比較乙醇和辛烷可知：4 莫耳乙醇的燃燒熱為 5467.2 kJ/mol，略等於燃燒熱為 5471 kJ/mol 的 1 莫耳正辛烷，或燃燒熱為 5461kJ/mol 的 1 莫耳異辛烷。但 4 莫耳乙醇體積占 233 毫升，比 1 莫耳正辛烷（密度 0.698g/mL）或異辛烷（密度 0.688g/mL）的 165 毫升多了 40%；這是用乙醇為燃料的一項缺點。

　　上述燃燒熱乃純物質的理論值。實用上，常以百萬焦／公斤（MJ/kg）或百萬焦／公升（MJ/L），也有用英熱單位／磅（BTU/lb）表示某種混合燃料的「熱值」。且因燃燒生成的水會吸收熱量變成氣體，故實際產生的熱值較上述的燃燒熱為小。不同類燃料產生的有效熱量不同，同類燃料因為燃燒方式（如內燃機種類）不同，產生的有效熱量也不同。

　　但有一種說法是，植物生長需要吸收 CO_2，故可減低大氣中 CO_2，對解決溫室效應問題有幫助。惟這種說法也可商榷，蓋植物生

長吸收的 CO_2，燃燒時也會釋放，能抵消多少，實難估計。但有一事實卻常為人所忽略，即葡萄糖分子因酵母菌進行酵解反應時，先分解產生兩分子丙酮酸（pyruvic acid），丙酮酸再作用產生兩分子乙醇，同時放出兩分子CO_2，也就是說製造生質乙醇時，每生成 1 莫耳的乙醇，就必有 1 莫耳 CO_2 伴生：

$$C_6H_{12}O_6 \longrightarrow 2CH_3COCO_2H + 4H^+ \longrightarrow 2C_2H_5OH + 2CO_2$$

換言之，4 莫耳乙醇燃燒前後，總共釋放了 12 莫耳CO_2。與辛烷相比，乙醇不但占有體積較大，釋放 CO_2 也較多。另外，乙醇有吸水的特性，如何除水及如何防水，皆須特別處理。故就燃料的觀點來看，除了可以減少石油等化石能源的消耗量外，生質乙醇並無其他優點。

生質柴油的優缺點

柴油是指石油分餾，沸點 300℃以上的餾分，主成分是含十五個碳以上的碳氫化合物，一般為卡車，大型車動力燃料所用。所謂生質柴油，是 1980 年代首由南非發展成功的石油燃料代用品，乃將組成向日葵籽油內的脂肪酸甘油酯成分，經過鹼性觸媒酯交換反應，而和甲醇形成的脂肪酸甲酯混合物（fatty acid methyl esters，簡稱

FAME）（圖一）。

1989 年奧地利以油菜籽油為原料，建立了全球第一家製造生質柴油的工廠。1990 年代起，其他一些歐洲國家和美國也紛紛由植物油或動物脂肪生產FAME，混入一般柴油出售。也有人考慮將廢棄的回收食用油製作生質柴油。但回收的食用油裡，常含有脂肪酸甘油酯因水解形成的脂肪酸（圖二），在進行鹼性觸媒酯交換反應時，脂肪酸不但會破壞鹼性觸媒，也無法與甲醇酯化形成甲酯。雖改用酸性觸媒，可進行酯交換反應與酯化反應，但副產物多，不易純化。

為何依照美國標準，要在傳統柴油裡添加 2%生質柴油呢？這是由於傳統的柴油中含較多硫、氮雜質，燃燒後產生的氧化物嚴重導致空氣汙染。美國原訂柴油含硫量不得超過 500ppm 的標準，已自

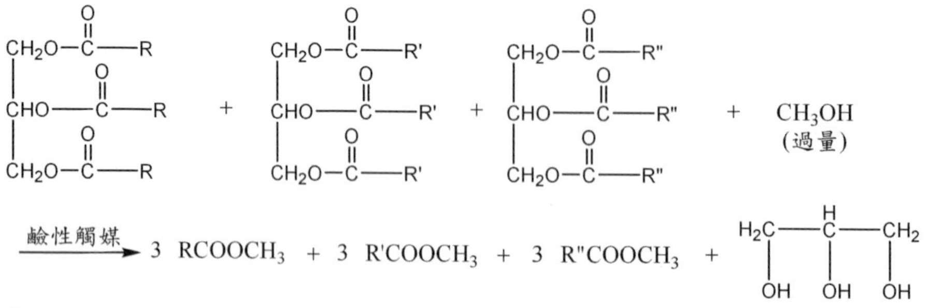

圖一

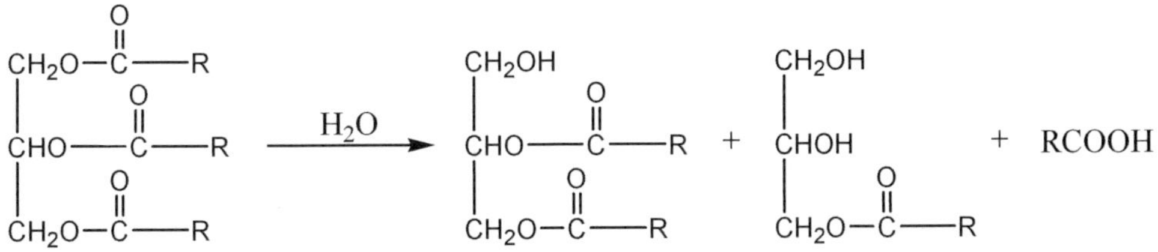

$$\underset{\text{圖二}}{\begin{array}{l}\text{CH}_2\text{-O-}\overset{\displaystyle O}{\overset{\|}{\text{C}}}\text{-R}\\[2pt]\text{CHO-}\overset{\displaystyle O}{\overset{\|}{\text{C}}}\text{-R}\\[2pt]\text{CH}_2\text{-O-}\overset{\displaystyle O}{\overset{\|}{\text{C}}}\text{-R}\end{array}}\quad\xrightarrow{\ \text{H}_2\text{O}\ }\quad\begin{array}{l}\text{CH}_2\text{OH}\\[2pt]\text{CHO-}\overset{\displaystyle O}{\overset{\|}{\text{C}}}\text{-R}\\[2pt]\text{CH}_2\text{O-}\overset{\displaystyle O}{\overset{\|}{\text{C}}}\text{-R}\end{array}\ +\ \begin{array}{l}\text{CH}_2\text{OH}\\[2pt]\text{CHOH}\\[2pt]\text{CH}_2\text{O-}\overset{\displaystyle O}{\overset{\|}{\text{C}}}\text{-R}\end{array}\ +\ \text{RCOOH}$$

圖二

2006 年 10 月起改為不得超過 15ppm。惟有機硫化物含量減少後，柴油的黏性增大，不便利用。如果混入 2%生質柴油後，其流動性又能恢復舊觀，且此柴油實際含硫量大減，故能降低空氣汙染。

　　然而，若是添加太多生質柴油，則價格提高，燃燒產生的能量可能也減少。蓋上文已述及，酯類化合物的燃燒熱比同碳數碳氫化合物低，例如上述的乙酸甲酯（1592.2kJ/mol）比丙烷（2219.2kJ/mol）為少，釋放的 CO_2 也稍多。但 FAME 有引火點高（約 150℃）、密度較大（約 0.88g/mL）、燃燒較完全、用為燃料時排放一氧化碳量低、未燃成分亦少的優點。目前許多歐洲國家已普遍使用含 FAME 量不等的燃料，荷蘭甚至鼓勵火力發電廠利用生質柴油為能源。

生質燃料再思考

利用生質物必須考慮栽培、採集,以及壓搾、乾燥等需要能量的「前處理」,另在製成生質燃料時也都須消耗能量。究竟是消耗的多,還是生質燃料能供應的多?相差多少?迄無定論。

再者,目前用來製造生質乙醇的生質物原料,如甘蔗、玉米、甘藷等,以及用來製造生質柴油的黃豆、菜籽等,實際上也多為人類食用作物,或是可用以飼養牲口的飼料,是否因此加重了糧食供應的問題呢?在地大、人口少的開發中國家如巴西,暫時不成問題;但若可耕地面積小、人口多的已開發國家,則絕對是不合適的。

以英國為例,如欲於 2010 年達到歐盟所預期——在汽油中添加5%生質乙醇,而這些乙醇不取自其他廢棄物,則全國 1/5 可耕地(一萬三千平方公里)須種植可生產生質乙醇的作物才可以!但,臺灣適合發展此技術嗎?

由於目前已知的生質物原料所能產出的生質燃料有限,為獲得更多生質燃料而須增加耕植面積、收成次數與收穫量,大量使用肥料、農藥,及耗損土質等違反永續發展的行為,在所難免。

另一方面,因棕櫚樹每畝產油五千九百五十公升,是目前已知產量僅次於「中國油樹」(Chinese tallow,又稱佛州白楊)的高等植

物，印尼和馬來西亞近年以焚燒方式清除大片熱帶雨林而改種棕櫚，不但釋放出大量 CO_2，更可能嚴重破壞了整體生態環境，這恐是追求「永續能源」者所始料未及吧。

當前的多數化學原料也得自石油、煤焦和天然氣等化石資源，故研發以生質物為原料，代替部分化石資源製造化學品，乃永續化學發展主流之一。例如，乙醇可當做燃料，也可代替乙烯製成約三十種基本化學品；葡萄糖可以醱酵產生乙醇作為燃料，也可醱酵產生乳酸後，經聚合製成具有生物分解性的聚乳酸（polylactic acid）（圖三），還可與不同酵素作用，轉變成一些特殊的化學品，如己二酸（adipic acid）（圖四）等。

臺灣農地面積有限，能收穫的蔗糖或葡萄糖量也有限，哪一種才是最好的利用方式呢？

據悉國外已有許多新的發展。例如，有人找到可以有效分解纖

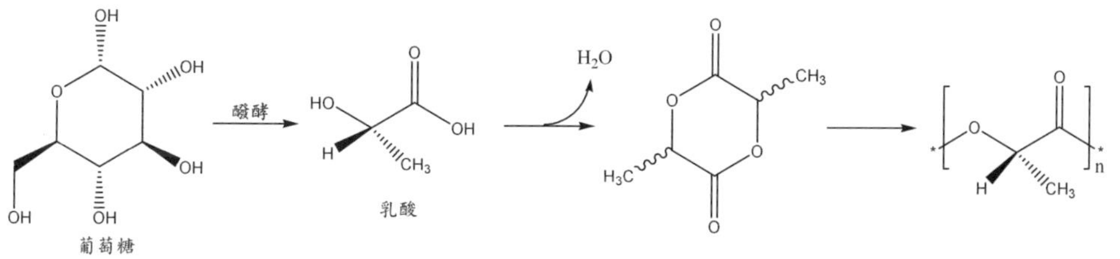

圖三

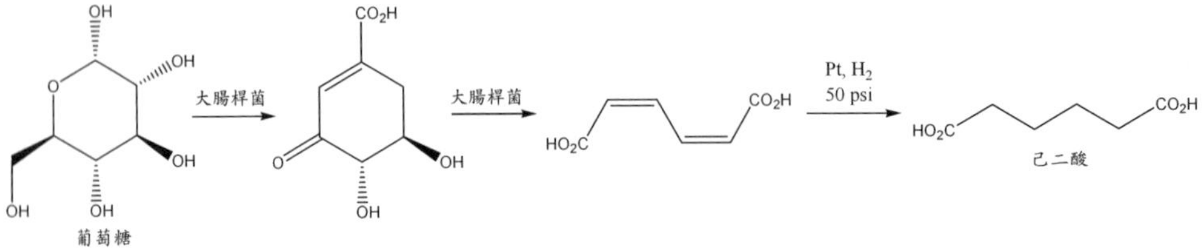

圖四

維素為葡萄糖的酵素；也有人已開發出有效分離木本植物中纖維素
和木質素的方法，並可利用木質素為能源；還有人發現，可從非食
用植物取得植物油以製作生質柴油。或許大家應該慎重考慮，什麼
是適合臺灣的研發方向吧。

　　利用生質物必須考慮栽培、採集，以及壓搾、乾燥等需要能量
的前處理，另在製成生質燃料時也都須消耗能量。究竟是消耗的
多，還是生質燃料能供應的多？

（2007 年 4 月號）

不符永續發展原則的生質乙醇燃料

◎─劉廣定

維持永續世界的六大問題之中，以「能源匱乏」和「資源枯竭」兩項與化學的關係最為密切。「永續化學十二原則」的第七原則謂：若技術已成熟並符合經濟效益，應使用可再生[1]的原料。而「永續工程十二原則」的末項也強調「使用可再生能源與物料」，因此近年來，開發利用可再生能源成為追求永續發展的主要課題之一。

　　然而，在這些開發中的可再生能源裡，製造生質燃料是否符合經濟效益，是否違背其他永續發展原則的問題，卻常遭忽視。尤其在臺灣，多數人並不了解「永續發展」的真義，也不明瞭因相關的化學或物理現象可能導致負面效應。不少人盲從外國，或聽信誘惑而隨聲附和，大力鼓吹推展某些並不適合臺灣的「可再生能源」，

生質乙醇（或稱「生質酒精」）即為其一。

　　簡介生質乙醇的一般性缺點，並從基本科學原理指出其不切實際，且說明基礎科學教育中忽略某些基本原理如「熱力學」之不當。

生質乙醇的缺點

　　目前的生質燃料是以甘蔗、玉米、油菜等食用植物所含脂類化合物（lipids）或醣類化合物（carbohydrates，或譯作碳水化合物）為原料製得。理想的情況是：這些植物在生長過程中，藉光合作用吸收空氣中的二氧化碳產生醣類化合物以及再形成的脂類化合物。若將這些植物製成「生質燃料」，經燃燒後雖會釋出二氧化碳，但不會增加空氣中二氧化碳的淨值，因此有「減碳」作用。然在生產生質燃料的過程中，卻也產生氧化二氮（N_2O）[1]這種溫室效應氣體。

　　氧化二氮又稱「笑氣」，是自然界「氮循環」的必然產物，有麻醉和干擾中樞神經的作用。嚴重的是，它的溫室效應氣體強度為二氧化碳的二百九十六倍！現代農業大量使用含氮的化學肥料，產

---

1. 有譯作氧化亞氮，實為誤譯。蓋其化學結構為 $O = N = N$，兩個氮鏈結不同，不可泛稱「亞氮」。

生之氧化二氮已約造成溫室效應的 6%。若再增加農耕頻率或面積，則使空氣中氧化二氮的含量日益升高，實不利於「抗暖化」。

　　再者，栽種可在短期內收割的植物，需要大量的水，將使水資源更為短缺。由農作物製造生質燃料也需要使用肥料，生產肥料、收割作物、運輸與製成生質燃料，都是高耗能過程。不斷耕作也對土壤有害，在在皆不符永續發展原則。況且推廣以食用作物為原料製成的生質燃料，必將影響糧食價格，增加低收入或貧困民眾負擔，也會影響牲口飼料的供應而對畜牧農業不利。據報導，中國大陸政府已規定不得以食用植物製造生質燃料，然而，以非食用植物製造生質燃料合適嗎？以下將從熱力學和光合作用的基本原理分析、說明之。

熱力學原理

　　十八世紀末的歐洲工業革命發明了蒸汽機，促使文明社會現代化，使科學長足進步，也產生熱力學這門新學問。熱力學最初只是探討熱量與機械能（或稱「力學能」）之相互轉變的問題，後來擴充到物質的物理變化及化學變化中的能量改變。

　　「溫度」是物質的一種基本物理量，代表著某封閉系統內所含物質的熱能強度（intensity），與該系統的質量多少或所占空間大小

無關。若 A、B 兩系統達成熱平衡，表示兩者溫度相同，這是熱力學的重要觀念，但因是在下述第一與第二定律已建立後，其重要性始為科學家所體認，故稱為「熱力學第零定律」（zeroth law）。

熱力學其他三個基本定律的內涵為：

第一定律闡釋「能量守恆」的觀念。不只機械能及電能，「熱能」也具有「守恆」的特性。由於熱能變化也會因作功（如受壓力和體積的影響）而改變，故總熱能以「焓（enthalpy）」表示，其變化為ΔH。無論物理變化或化學變化經由何種途徑，只要始狀態（initial state）和終狀態（final state）固定，則總熱能變化ΔH相同。

第二定律涉及物理變化或化學變化是否屬於自然發生（spontaneous）的問題，以一定溫度下發生的熱變量（$\Delta q/T$）為「熵」（entropy），其變化以ΔS表示。自然發生的變化$\Delta S > 0$，所以系統之不規則性或「亂度」（randomness）便會增大。由此亦可說明「自然變化」能量在變化與轉移的過程時必有流失。

第三定律敘述熵隨溫度降低而減少，亂度也隨之減小，到了絕對溫標零度（絕對零度）時，熵降為零。

根據熱力學原理可以估計光合作用過程與燃料燃燒時的能量變化，詳見後文。

光合作用

自然界中，植物和某些細菌可以吸收光能，將水和二氧化碳製成醣類。若使醣類發酵生成乙醇，再將乙醇燃燒生成二氧化碳和水，產生的能量轉為功：

其淨反應乃將「太陽能」轉成「功」。

光合作用　$3nCO_2 + 3nH_2O + h\nu \longrightarrow (CH_2O)_{3n} + 3nO_2$

發酵作用　$(CH_2O)_{3n} \longrightarrow nC_2H_5OH + nCO_2$

燃燒反應　$nC_2H_5OH + 3nO_2 \longrightarrow 2nCO_2 + 3nH_2O + W$

淨反應　　$h\nu（光能）\longrightarrow W（作功）$

但依熱力學原理，轉換過程中必有流失。

第一階段的光合作用（photosynthesis）可分為兩個主要部分。一是光反應，又分為 PSI 和 PSII 二步驟。PSII 是吸收光能（$h\nu$）將水分解產生氧（O_2）及氫離子（H^+）〔1〕，並使 ADP（二磷酸腺苷）與磷酸根（P_i）轉變成含高能量的 ATP（三磷酸腺苷）〔2〕；PSI 則是吸收光能將 $NADP^+$（氧化態菸鹼醯胺腺嘌呤二核苷酸磷酸酯）還原產生 NADPH（還原態菸鹼醯胺腺嘌呤二核苷酸磷酸酯）〔3〕：

$$2H_2O + (4h\nu) \longrightarrow O_2 + 4e^- + 4H^+ \dots\dots\dots〔1〕$$

$$3ADP^{3-} + 3H^+ + 3P_i^{2-} \rightarrow 3ATP4^- + 3H_2O .... 〔2〕$$
$$2NADP^+ + 4e^- + 2H^+ + (4hv) \rightarrow 2NADPH .... 〔3〕$$

在這理想情況下，每八個光子的光能（8hv）可以產生 1 分子氧（O_2），2 分子 NADPH 和 3 分子 ATP。如下式及圖一。

$$2NADP^+ + 3ADP^{3-} + 3P_i^{2-} + H^+ + (8hv) \longrightarrow O_2 + 2NADPH + 3ATP^{4-} + H_2O$$

「光反應」部分主要乃藉葉綠素吸收 430～470nm 藍色光與 630～700nm 紅橙色光所促成，這也使草木的葉部呈現其互補色——綠色的原因。

另一部分乃經由 ATP 及 NADPH 的作用將二氧化碳與 NADPH 製成醣類，並不需要光能，稱為暗反應（dark reaction）。形成六碳糖（如葡萄糖）的反應式

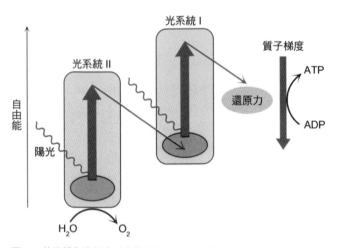

圖一：葉綠體內進行光反應的時候，兩個光系統能將吸收的陽光轉化，使水產生氧氣，ADP 磷基化為 ATP。

為：

$$12NADPH + 12H^+ + 18ATP + 6CO_2 + 12H_2O \longrightarrow C_6H_{12}O_6 + 12NADP^+ + 18ADP + 18P_i$$

　　需要十二個 NADPH 和十八個 ATP，亦即需要四十八個光子的光能（48hν）才能製成一個葡萄糖分子。製成醣類還可能經由別種過程，但需要更多光子，本文從略。

葉綠素製造醣類需要多少太陽能？

　　日光中可用於光合作用的只有波長 400～700nm 範圍之可見光，稱為光合有效輻射（photosynthetically active radiation）。以平均 550nm 估計，每 1 光子的能量為 3.6×10^{-19}J（焦耳），[2] 則每莫耳光子的能量為乘以亞佛加厥常數（6.02×10^{23}），即 2.17×10^5J。最保守的估算，光合作用產生 1 莫耳葡萄糖至少需要 48 莫耳光子，或 $48 \times (2.17 \times 10^5J) = 1.04 \times 10^7$J 能量。

　　現在約略估算需要多少太陽能才可得到 1 莫耳葡萄糖？已知正午時刻，晴朗天空可供地表接受的太陽能強度，平均約為 1000W/m^2（瓦／平方公尺）。但以整年而言，在利於農作物種植的亞熱帶

---

2. hν = hc/λ = （6.625×10^{-34}Js）$\times$（3×10^9m/s）/（550×10^{-9}m）≒3.6×10^{-19}J

（南北緯 20～35 度，或 20～40 度）地區，平均地表接受的太陽能約 240W/m²，而光合有效輻射能量只約占太陽能中的 43%。由於農地中只約80%用為實際耕種。因此，太陽能之中只有（240×0.43）×0.80 ＝ 82.6W/m² 可以利用於光合作用。

葉綠素吸收光能成為活化態葉綠素，但不能全數用於光合作用。其中一部分在轉變成熱能的過程中耗失（熱力學第二定律）；一部分造成螢光現象；還有一部分傳給臨近其它分子；剩餘的才利用於光合作用。換言之，光合作用的效率不高，只有約 10%的太陽能，也就是說大約只有 8.26W/m² 可有效利用於光合作用。

然而，植物體中的光合作用產物大部分皆消耗於成長及代謝等作用，只有約三分之一以醣類形式保留在體內而可用於產生乙醇。扣除夜晚與播種收割等，植物能吸收太陽能生長並製造醣類的時間，每年也約僅一半。亦即 8.26W/m² 太陽能中，只有約六分之一（1.38W/m²）可以利用於製成生質乙醇的醣類。以 1 瓦（W）＝ 1 焦耳／秒（J/s）和1年相當 3.15×107 秒換算，此值約等於每年 4.4×10⁷ J/m² 能量。

每公頃土地生產多少生質乙醇？

倘若平均每輛汽車每年使用一千公升汽油，又假設汽油都是異

辛烷（C_8H_{18}）。

　　異辛烷分子量 114，密度 0.688g/mL，燃燒熱-5461kJ/mole。1000
公升異辛烷質量 688kg，相當 6.04×10^3 莫耳，完全燃燒產生
（6.04×10^3）× 5461kJ ＝ 3.3×10^7J 的能量。乙醇燃燒熱為 1366.8kJ/
mole，約是異辛烷的四分之一。

$$C_8H_{18} + 12.5O_2 \longrightarrow 9H_2O + 8CO_2 \quad \triangle H_c = 5461kJ/mole$$

$$C_2H_5OH + 3O_2 \longrightarrow 3H_2O + 2CO_2 \quad \triangle H_c = 1366.8kJ/mole$$

　　假設不考慮其他外在因素，依熱力學第一定律，約需要 $2.42 \times$
10^4 莫耳乙醇才能產生相當於一千公升汽油燃燒所得的能量。

$$C_6H_{12}O_6 \longrightarrow 2C_2H_5OH + 2CO_2$$

　　由上面的式子可知道每 1 莫耳的葡萄糖經發酵後會產生 2 莫耳乙
醇與 2 莫耳二氧化碳。所以 2.42×10^4 莫耳的乙醇，須自 1.21×10^4 莫
耳葡萄糖製得，不論是多醣（如澱粉）或雙醣（如蔗糖），水解後
所得到的葡萄糖均一樣。

　　據上述簡單的光合作用與熱力學原理，粗略估算可知：產生 1 莫
耳葡萄糖至少需要 1.04×10^7J 能量。每輛車每年若消耗 1000 公升汽
油，相當於 2.42×10^4 莫耳（約 1400 公升）乙醇，至少需要 1.21×10^4

莫耳葡萄糖為原料,即需要自日光取得 1.26×10^{11}J 能量,故共需要 (1.26×10^{11}J)／(4.4×10^7J/m^2) = 2860m^2 面積耕地,亦即約 53.5 公尺見方(53.5×53.5m)的土地來栽種作物。故若每公頃(10000 m^2)耕地的收成,完全都製成乙醇,最多只夠三輛半汽車使用。即使是以含10%乙醇的10E汽油換算,也只能供應三十五輛車用!目前全臺灣的農地只有二十三萬公頃,其中到底可以撥出多少來種植生產生質乙醇的農作物?2008 年巴西人口密度每平方公里二十二人,或尚可推廣生質乙醇。但臺灣人口密度達每平方公里六百六十八人,適合推廣嗎?

結語

　　由本文所述,可知在臺灣並不適合發展「生質乙醇」或其他「生質燃料」。一般人之錯誤觀念乃源於對一些基本科學,如熱力學的簡單原理不甚了解,而且這也是認識永續發展之必需。當前的高中基礎科學教育忽略熱力學,不獨水準落後英美等國,推展當下全球重視之永續發展教育,亦難矣!

（2009 年 7 月號）

《科學史話》
張之傑 主編
定價 320元

　　「科學史話」由兩岸科學史家聯合執筆，內容寓知識於趣味，是《科學月刊》最受歡迎的欄目之一。本書選取該欄目有關中國的部分 50 篇，隨意披閱，隨時會帶給您意外的驚喜。每篇 800 字～1800 字的短文，不必花費多少時間，就能博古通今，這是何等樂趣！

《當天文遇上其他科學》
曾耀寰 主編
定價 300 元

　　隨著各類科學的快速進展，天文學和其他科學的關連也益發密切，天文學的研究範圍包山包海，除了傳統的天文觀測，應用其他領域的專業技術是不可避免。本書便是以天文學與其他領域的關連與應用為主軸，以統整的方式介紹在最近十年發表的天文專文，希望讓讀者能有更寬闊的眼光，欣賞我們的宇宙。

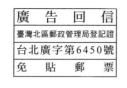
100台北市重慶南路一段37號

臺灣商務印書館　收

對摺寄回，謝謝！

傳統現代　並翼而翔

Flying with the wings of tradtion and modernity.

讀者回函卡

感謝您對本館的支持，為加強對您的服務，請填妥此卡，免付郵資寄回，可隨時收到本館最新出版訊息，及享受各種優惠。

■ 姓名：_____ 性別：□ 男 □ 女

■ 出生日期：_____年_____月_____日

■ 職業：□學生 □公務(含軍警) □家管 □服務 □金融 □製造
　　　　□資訊 □大眾傳播 □自由業 □農漁牧 □退休 □其他

■ 學歷：□高中以下（含高中）□大專 □研究所（含以上）

■ 地址：_____
　　　　_____

■ 電話：(H) _____ (O) _____

■ E-mail：_____

■ 購買書名：_____

■ 您從何處得知本書？
　　□網路 □DM廣告 □報紙廣告 □報紙專欄 □傳單
　　□書店 □親友介紹 □電視廣播 □雜誌廣告 □其他

■ 您喜歡閱讀哪一類別的書籍？
　　□哲學・宗教 □藝術・心靈 □人文・科普 □商業・投資
　　□社會・文化 □親子・學習 □生活・休閒 □醫學・養生
　　□文學・小說 □歷史・傳記

■ 您對本書的意見？（A/滿意 B/尚可 C/須改進）
　　內容 _____ 編輯_____ 校對_____ 翻譯_____
　　封面設計_____ 價格_____ 其他_____

■ 您的建議：_____

※ 歡迎您隨時至本館網路書店發表書評及留下任何意見

臺灣商務印書館　The Commercial Press, Ltd.

台北市100重慶南路一段三十七號　電話：(02)23115538
讀者服務專線：0800056196　傳真：(02)23710274
郵撥：0000165-1號　E-mail：ecptw@cptw.com.tw
網路書店網址：http://www.cptw.com.tw 部落格：http://blog.yam.com/ecptw
臉書：http://facebook.com/ecptw